边做 micro:bit 项目，边学 Python 编程

劳立颖 著

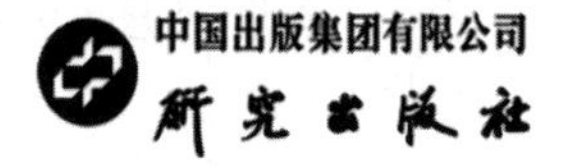

图书在版编目（CIP）数据

边做 micro:bit 项目　边学 Python 编程 / 劳立颖著
. -- 北京 : 研究出版社, 2023.6
ISBN 978-7-5199-1515-5

Ⅰ. ①边… Ⅱ. ①劳… Ⅲ. ①可编程序计算器②软件
工具—程序设计 Ⅳ. ①TP323②TP311.561

中国国家版本馆 CIP 数据核字(2023)第 110093 号

出 品 人：赵卜慧
出版统筹：丁　波
责任编辑：安玉霞

边做 micro:bit 项目　边学 Python 编程

BIANZUO micro:bit XIANGMU　BIAN XUE Python BIANCHENG

劳立颖　著

研究出版社 出版发行

（100006　北京市东城区灯市口大街 100 号华腾商务楼）

北京云浩印刷有限责任公司印刷　新华书店经销

2023 年 6 月第 1 版　2023 年 6 月第 1 次印刷

开本：700 毫米×1000 毫米　1/16　印张：9

字数：120 千字

ISBN 978-7-5199-1515-5　定价：45.00 元

电话（010）64217619 64217652（发行部）

前 言

信息技术作为当今先进生产力的代表，已经成为我国经济发展的重要支柱和网络强国的战略支撑。信息技术涵盖了获取、表达、传输、存储和加工信息在内的各种技术。自电子计算机问世以来，信息技术沿着以计算机为核心、到以互联网为核心、再到以数据为核心的发展脉络，深刻影响着社会的经济结构和生产方式，加快了全球范围内的知识更新和技术创新，推动了社会信息化、智能化的建设与发展，催生出现实空间与虚拟空间并存的信息社会，并逐步构建出智慧社会。信息技术的快速发展，重塑了人们沟通交流的时间观念和空间观念，不断改变人们的思维与交往模式，深刻影响人们的生活、工作与学习，已经超越单纯的技术工具价值，为当代社会注入了新的思想与文化内涵。

本书围绕高中信息技术学科核心素养，精炼学科大概念，吸纳学科领域的前沿成果，构建具有时代特征的学习内容；课程兼重理论学习和实践应用，通过丰富多样的任务情境，鼓励学生在数字化环境中学习与实践；课程倡导基于项目的学习方式，将知识建构、技能培养与思维发展融入运用数字化工具解决问题和完成任务的过程中；课程提供学习机会，让学生参与到信息技术支持的沟通、共享、合作与协商中，体验知识的社会性建构，增强信息意识，理解信息技术对人类社会的影响，提高信息社会参与的责任感与行为能力。

阅读本书，学生将学会基础的 Python 语法知识，如数据类型、程序结构、各类函数与模块的使用方法等，这将帮助学生在编写第一条程序时，就为日后继续深入学习编程知识打下坚实的基础。阅读本书，学生还将感受到开源硬件与 Python 语言编程结合的快乐。本书中使用 micro:bit 控制板与 Python 程序相结合，学生将毫不费力地把虚拟的程序代码表现为现实的真实感受。在短短的学习过程中，学生可以亲眼看到自己通过计算机编程改变了自己身边的环境。

本书作者工作在普通高中信息技术教学一线的教师，将多年的教学心得倾注于本书。同时还要感谢杭州市临平中学的姚国忠、章玲、陈子硕老师，杭州市临平第二高级中学的庞芬花、赵彩娟、程琦、胡倩、蔡诗萌老师，塘栖中学的施芬花老师在本书编写过程中给予的指导与帮助。

编者

2023 年 6 月

目　录

第 1 章　什么是 micro:bit

一、micro:bit 介绍

1.什么是 micro:bit？

本书提及的 micro:bit 是一款由英国广播电视公司（BBC）推出的专为青少年编程教育设计的微型电脑开发板（见图 1-1）。2016 年 3 月至 6 月，micro:bit 在英国全线铺开，BBC 在线上线下配套了大量的项目教程资源和活动，英国每一位 7 年级的在校学生（11—12 岁）都能免费获取一块 micro:bit 开发板用于编程学习，受益的学生数量约有百万。BBC 希望通过 micro:bit 推动青少年参与到创造性的硬件制作和软件编程中去，而不是每天沉浸在各式的娱乐和消费中。

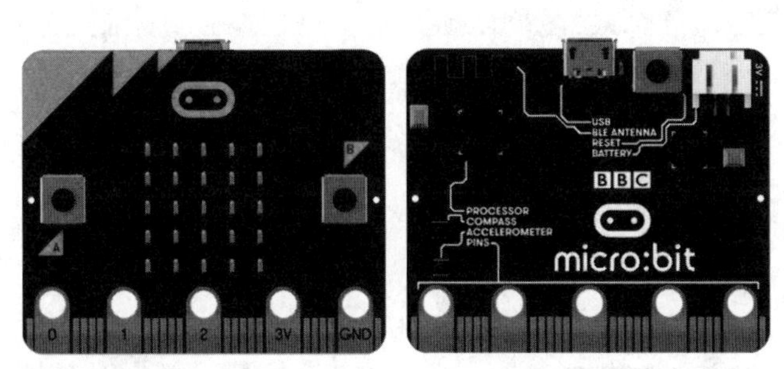

图 1-1　micro:bit 开发板形态

2.micro:bit 为何如此受少儿编程圈重视？

2016 年，BBC 正式在英国范围内全面推出 micro:bit 编程计划，这款设备让学生拿起来插入电脑就可立即进行编程学习，在线上与线下，BBC 为老师和学生配套了大量的项目教程资源和案例，以此鼓励孩子们学习简单的编程，激发新一代青少年的创造力。

BBC 的 micro:bit 在推广第一年就取得了巨大成功，90%的学生都说它很简单、很有帮助。由此 BBC 公布了一组数据，用来展示 micro:bit 对教师和学生产生的影响。这款 micro:bit 改变了英国学生对编程的态度：90%的人表示，micro:bit 证明了任何人都可以编码；88%的人表示，micro:bit 使他们了解到编码并不像想象的那么困难；在使用 microbit 之前，只有 36%的人会把信息和通信技术作为选修课程，但是在使用 microbit 之后，45%的人表示愿意尝试上述的选修课程。对于女孩来说更为明显，从之前的 23%增加到 39%，增加幅度达到了 70%。micro:bit 官网首页，见图 1-2。

图 1- 2 micro:bit 官网

3.micro:bit 的特点

(1)功能介绍——正面（见图 1-3，见图 1-4）

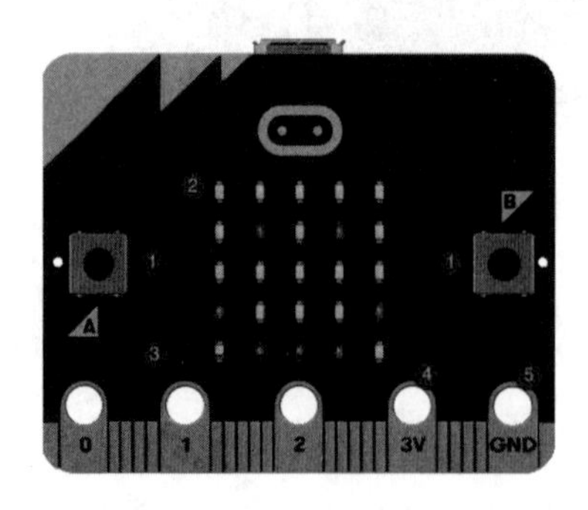

图 1- 3 老版 micro:bit（正面）

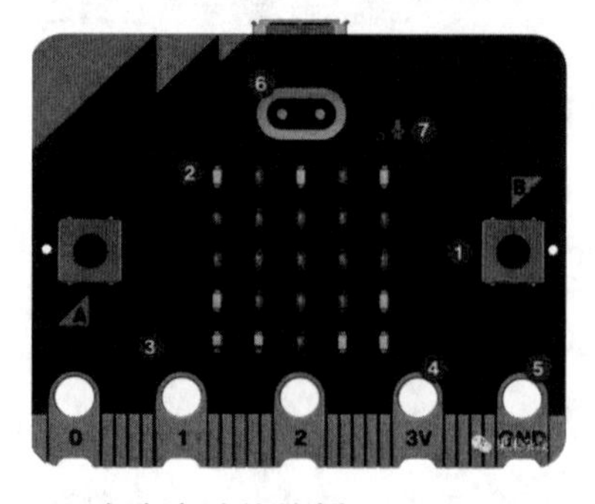

图 1- 4 具有声音功能的新版 micro:bit（正面）

①可编程按钮（自定义功能按钮）：归根结底它就是一个按钮，对于按钮来说只有一个功能——按下去，但是我们可以通过编程使得按钮按下去实现不同的功能。包括单独按下以及同时按下。

②LED 点阵：由一个一个的 LED 灯组成，灯从大的方向来说就只有两种状态：开和关，也就是我们平时说的亮和灭，但是从明和暗这个方向来说，它又可以分成不同的等级，也就是我们平时说的亮一点，就好比是成绩，分数可以从 0 到 100，划分不同的层次。这个点阵可以用来显示图像、文字、数字，同时这些 LED 灯还是一个光线传感器。

③GPIO 引脚：增加开发板的功能，可以与其他的外置传感器进行交互。

④3V 电源引脚：可以为外接传感器进行供电。

⑤GND 接地引脚。

⑥触摸感应 Logo：首先 Logo 没有什么好说的，就是一个图案，但是同时它还是一个触摸感应器，触摸感应这里面可以有三种不同的操作。

点按：摸一下立刻松开。

长按：按住超过一定的时间。

松开：手指离开。

⑦麦克风指示灯：当使用麦克风进行声音录制的时候会亮起。

(2)功能介绍——反面（见图 1-5，见图 1-6）

图 1-5 **老版** micro:bit（**反面**）

图 1-6 **具有声音功能的新版** micro:bit（**反面**）

①声音和蓝牙天线：通过这根天线，可以实现不同开发板之间通过声音进行通信，或者使用蓝牙与其他的设备进行通信。

②处理器以及温度传感器：传感器是开发板的大脑，负责获取、解码以及指令的执行。同时温度传感器可以感知外界温度的变化。

③指南针：测量磁场方向以及磁场强度，它可以测量三个维度的磁场。

④加速度计：测量三个维度的力（包括重力），因此可以用来监测开发板的振动或者移动。

⑤引脚：为外接的微型配件进行供电。

⑥microUSB 接口：用于充电以及将程序写入开发板。

⑦红色指示灯：当烧录程序或者接上电源的时候会亮起。

⑧重置按钮：使得烧录好的程序重新执行。

⑨电池盒接口：使用 3A 电池来对开发板进行供电。

⑩USB 芯片接口：烧录代码，与电脑的 USB 接口进行串行数据的发送和接收。

⑪扬声器：也就是我们平时所说的喇叭，可以进行声音的播放

⑫麦克风：也就是我们平时所说的话筒，话筒可以收到我们的声音，声音有大有小（在 micro:bit 中使用响度来标识）。通过声音的大小，我们可以对开发板实现控制。

⑬红色电源指示灯：当开发板接上电源后将会亮起。

⑭黄色指示灯：当将程序写入的时候会亮起。

⑮复位按键：恢复开发板写入程序的最开始状态，也就是重新开始执行写入的程序。如果进行长按的话，将会使得开发板进入休眠状态。

4.micro:bit 的应用

micro:bit 可以通过鳄鱼夹与各种电子元件互动，支持读取传感器数据，

控制舵机与 RGB 灯带，能够轻松胜任各种编程相关的教学与开发场景。而且 micro:bit 可以用于编写电子游戏、声光互动、机器人控制、科学实验、可穿戴装置开发等。

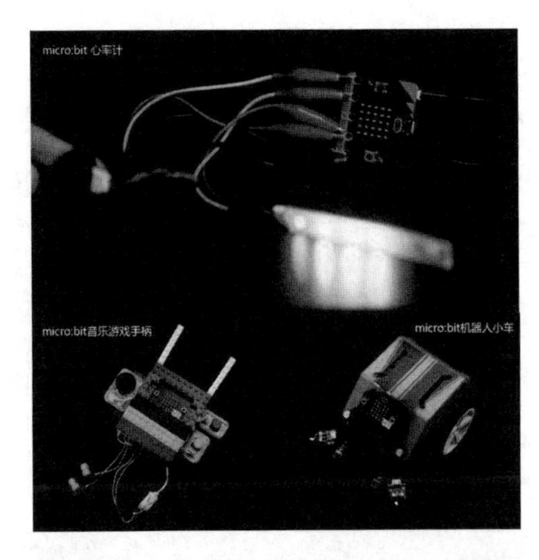

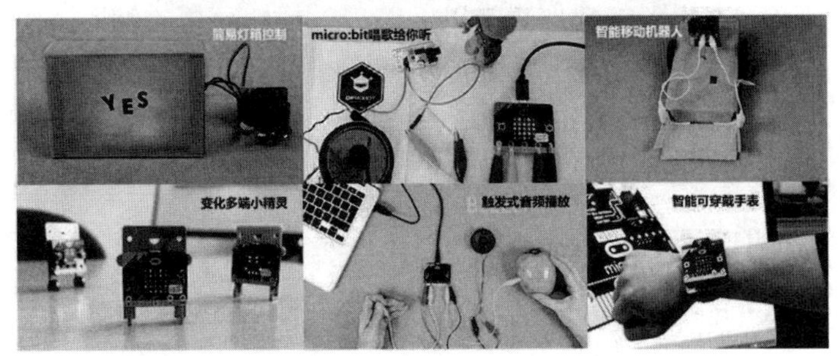

图 1-7 micro:bit 应用场景

二、micro:bit 编程 IDE——BXY 软件

我们可以用 USB 线将 micro:bit 板和电脑构建物理连接，但如果没有软件就无法使用这些硬件。那么要如何建立这两者之间信息的连接呢？答案便是 BXY！它为两者架起了虚拟的桥梁，从而实现代码的烧录、串口的连接、

实时数据流的传输等功能。本书以“BXY 软件”为编程工具，使用 MicroPython 编程语言，结合 micro:bit 控制器及其余诸多硬件，实现光线自动感应灯、无线电报机、雷霆战机、防跌倒检测仪等各类场景的应用项目。

1.BXY Python Editor 简介

BXY 是 BXY Python Editor 的缩写，它是一款运行于 Windows 平台的 MicroPython 编程 IDE，界面简洁，操作便利。内置了许多基础操作库，为众多 MicroPython 爱好者提供了一个简洁实用的平台。

2.MicroPython 简介

MicroPython 包括在小型嵌入式开发板上运行的标准 Python 解释器。使用 MicroPython，你可以编写 Python 脚本来控制硬件。例如，你可以使 LED 闪烁，与温度传感器通信，控制电机并在互联网上发布传感器读数。值得注意的是，这种嵌入式设备的固件通常以汇编、C 或 C ++语言编码，但是通过使用 MicroPython，你可以获得与高级 Python 几乎相同的结果。

3.MicroPython 不同之处

与桌面版本的 Python 不同，MicroPython 是微控制器的精简版本，因此它不支持所有 Python 库和功能。在微控制器的领域里，固件都是直接刻录到 ROM（也称为程序存储器），并且没有文件系统。MicroPython 直接在微控制器的闪存上实现最精简的文件系统类型。如果设备具有 1MB 或更多的存储空间，那么它将被设置（首次启动时）以包含文件系统。该文件系统使用 FAT 格式，并通过 MicroPython 固件存储在闪存中。这为你提供了在主 Python 程序中访问、读取和写入文件的功能，以实现灵活存储操作。

4.BXY 软件的安装

在 BXY 网站中，选择“下载 BXY”，然后点击 exe 文件，即可下载。下载完成后，双击 exe 文件安装即可（见图 1-8）。

图 1-8　BXY 软件下载界面

相关资源如下。

micro:bit 官方网站：https://www.microbit.org/

BXY Python Editor：https://bxy.dfrobot.com.cn/

第 2 章 项目安排说明

项目式学习不同于传统的学习方式，以真实项目为基础，以实践能力培养为重点，基于生活中真实的项目进行设计和开发。

我们为学习 micro:bit 设计了以下这些项目。

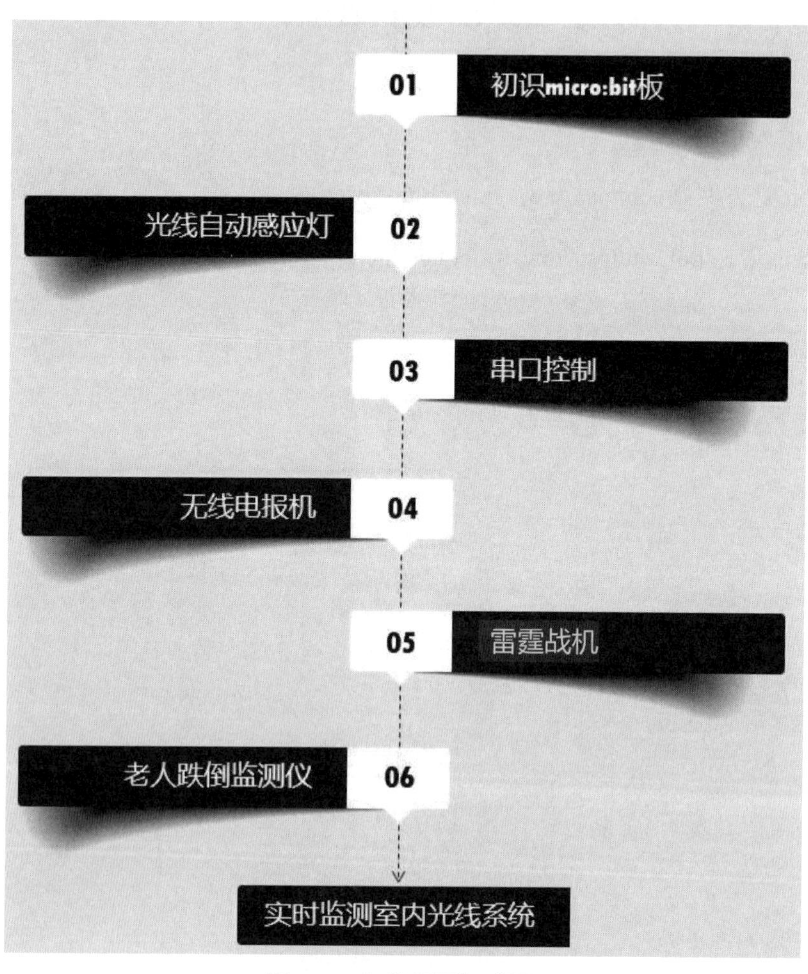

图 2-1 本书项目组成图

在“初识 micro:bit 板”项目中，你将通过观察、调试等方式，感受到英国广播电视公司（BBC）推出的专为青少年编程教育设计的微型电脑开发板 micro:bit 板的神奇功效。

在“光线自动感应灯”项目中，你将会第一次使用传感器收集到我们生活周边的数据，并利用这些数据，控制一盏神奇的灯。

如果你在“光线自动感应灯”项目中，学到的是直接用传感器控制灯的亮灭，那么在“串口控制”“无线电报机”两个项目中，你将会学到两种不同的控制方式，一种是串口控制，还有一种是奇妙的无线控制。

在“雷庭战机”项目中，我们来轻松一下，通过 micro:bit 板制作一个小游戏，使用板载的小按钮，成为一个战机操控员。

在“老人跌倒监测仪”中，我们来尝试利用之前所学，制作一个比较小的实践项目，为老人们送去我们的关爱。

通过了那么多的学习与实践，我们将来到最后的总项目——实时监测室内光线系统。室内光线太亮或太暗都不利于同学们学习，因此需要有一款室内光线实时监测系统，能够实时监测室内光线情况，并及时做出相应预警。我们将经历搭建信息系统的前期准备，到系统的网络应用软件编写，到系统硬件的搭建，再到系统综合测试与评价这一完整的信息系统搭建的全过程。

第 3 章　项目一 初识 micro:bit 板

实践项目说明

信息系统要想获取传感器获得的信息，可以通过智能终端进行连接。micro:bit 作为采集传感器数据的智能终端，可以通过软件 BXY 以及 Python 语言编程，实现传感器信息的获取。本项目可以让你初步认识一下 micro:bit 板。

项目目标

1. 认识 micro:bit 板；

2. 使用 BXY 编程；

3. 查看板载温度。

项目器材

micro:bit 板一块，USB 线一条。

项目提示

1. 认识 micro:bit 板

（1）micro:bit 板说明

BBC micro:bit 是一款由英国广播电视公司（BBC）推出的专为青少年编程教育设计的微型电脑开发板。它其实是一款手持式可编程的微型计算机，可用于各种很新潮的创新。

表 3-1 micro:bit 板正反面设备说明

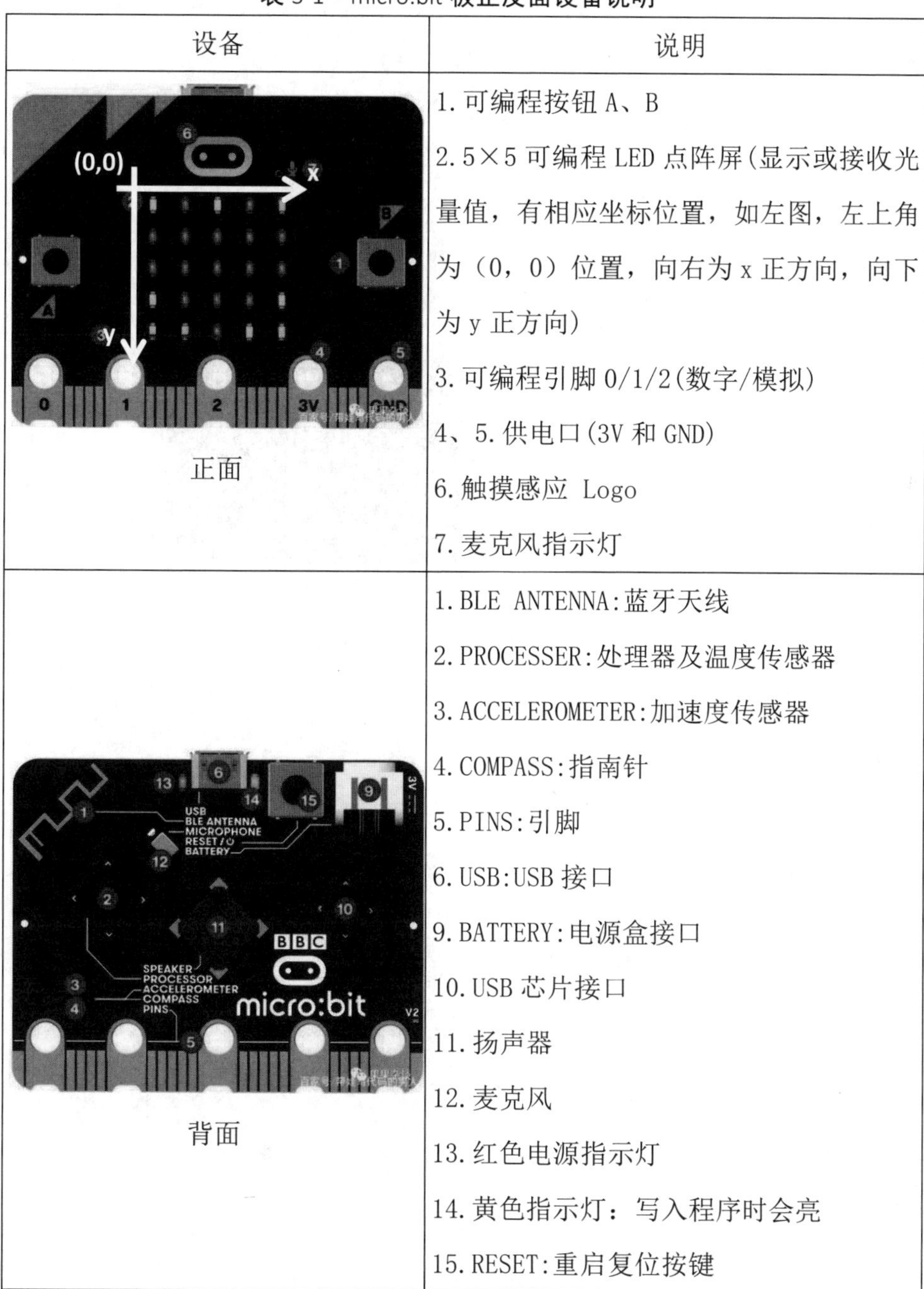

设备	说明
正面	1. 可编程按钮 A、B 2. 5×5 可编程 LED 点阵屏(显示或接收光量值，有相应坐标位置，如左图，左上角为（0，0）位置，向右为 x 正方向，向下为 y 正方向) 3. 可编程引脚 0/1/2(数字/模拟) 4、5. 供电口(3V 和 GND) 6. 触摸感应 Logo 7. 麦克风指示灯
背面	1. BLE ANTENNA:蓝牙天线 2. PROCESSER:处理器及温度传感器 3. ACCELEROMETER:加速度传感器 4. COMPASS:指南针 5. PINS:引脚 6. USB:USB 接口 9. BATTERY:电源盒接口 10. USB 芯片接口 11. 扬声器 12. 麦克风 13. 红色电源指示灯 14. 黄色指示灯：写入程序时会亮 15. RESET:重启复位按键

（2）连接电脑

用 USB 线连接电脑 USB 接口及 micro:bit 的 USB 接口，micro:bit 板的红色电源信号灯亮则表示连接成功（见图 3-1）。

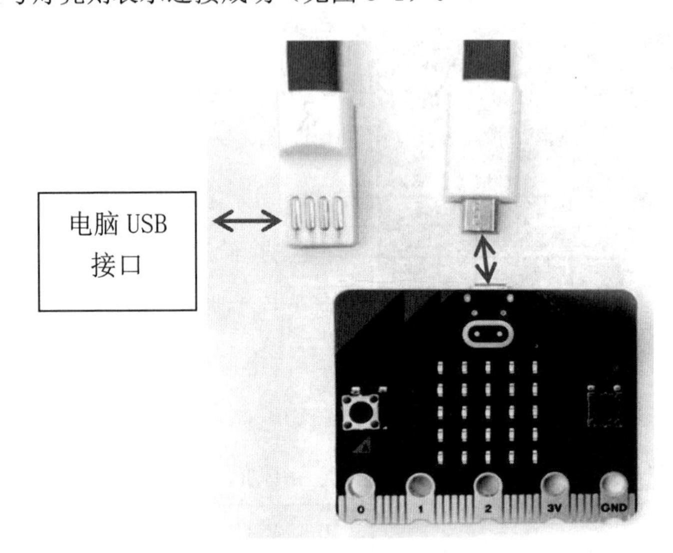

图 3-1 micro:bit 板 USB 连接图

2. 使用 BXY

（1）打开 BXY

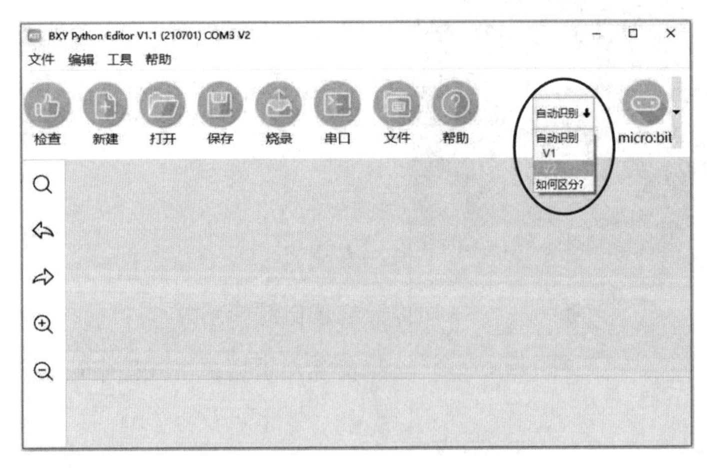

图 3-2 BXY 软件编辑界面

打开软件 BXY，BXY 会自动识别 micro:bit 板（见图 3-2），如果不能识别可以手动选择 v2 版本。

（2）使用 BXY 编程

①新建

点击“新建”按钮，BXY 将新建文件，并自动添加“micro:bit”模块，点击“保存”，保存扩展名为“.py”的文件（见图 3-3）。

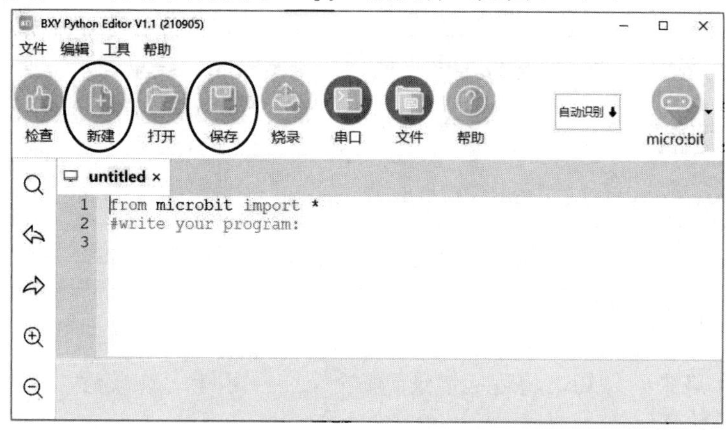

图 3-3　BXY 软件中的“新建”与“打开”按钮

注意:BXY 软件需要自己手动点击保存，若未点击“保存”则未保存的内容将丢失。“.py”文件名可由英文、数字及符号组成，不允许出现中文文字或符号。

②录入程序

可如图 3-4 录入代码。

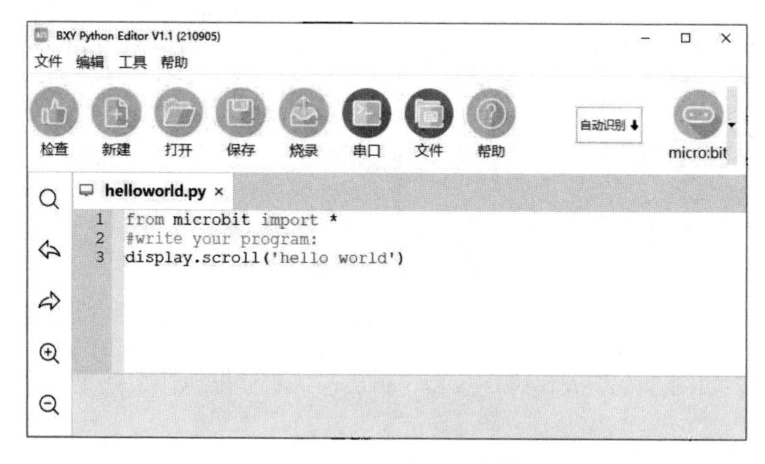

图 3-4　helloworld.py 程序界面图

表 3-2 代码说明(带颜色底纹的是源代码)

from microbit import *
#从 microbit 库中导入所有的模块
#write your program:
#为注释语句的起始符号，表示是一行说明文字。这里表示下面是写入自己程序的地方
display.scroll('Hello,world!')
#通过调用 display 模块中的 scroll()函数，在 LED 点阵屏上显示内容

③烧录程序

点击“烧录”按钮，将程序烧录到 micro:bit 板上。烧录后，软件窗口右侧将出现板载文件目录（见图 3-5）。烧录确认后，micro:bit 板将自动运行该程序。

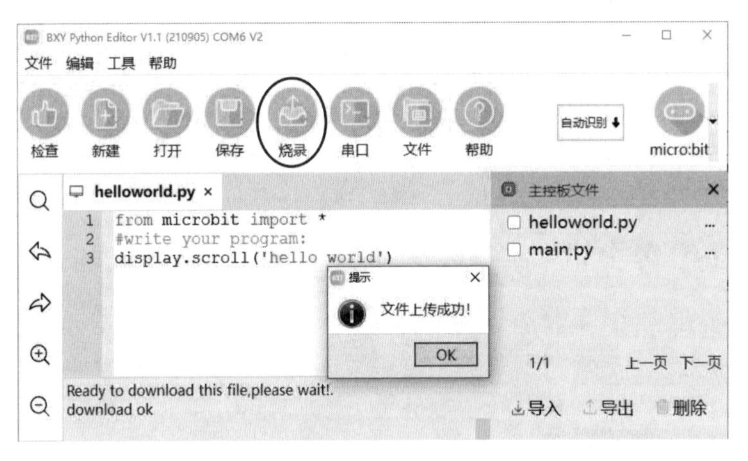

图 3-5 菜单中的“烧录”按钮

提问：如图 3-5 录入代码烧录后，micro:bit 板出现什么效果？（可仔细观察 LED 屏）

答：____

④录入程序 2

可如（图 3-6）录入代码。

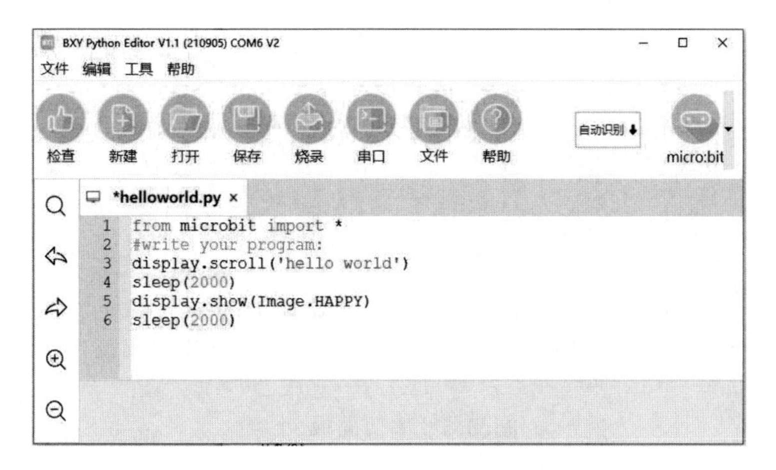

图 3-6 修改后的 helloworld.py 程序界面图

提问：如图 3-6 录入代码烧录后，micro:bit 板出现什么效果？

答：______________________________

3. 查看板载温度

在 micro:bit 板的 V2.0 版本自带利用蓝牙芯片的温度传感器，可如（图 3-7）录入代码。

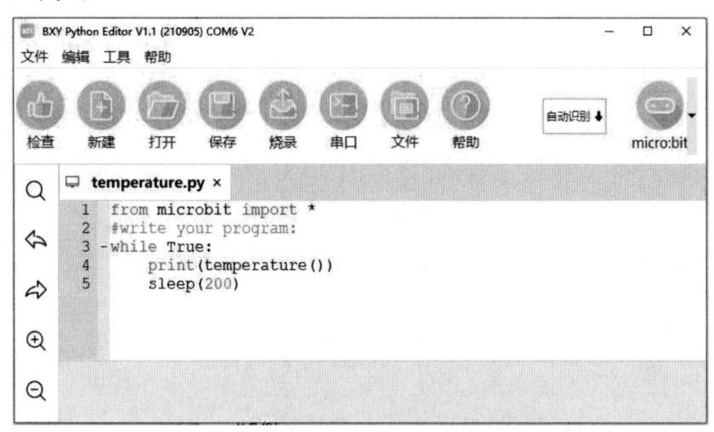

图 3-7 temperature.py 程序界面图

烧录后在“串口”面板会显示板载温度（见图 3-8）。

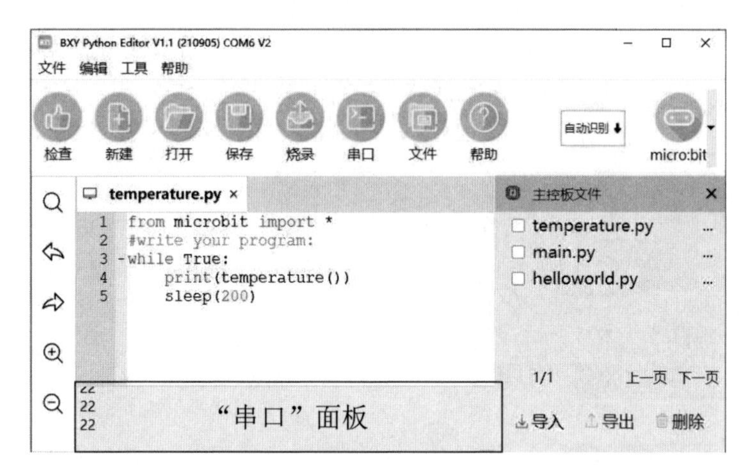

图 3-8 串口面板

若点击“串口”按钮，也可在“串口”窗口查看板载温度（见图 3-8）。

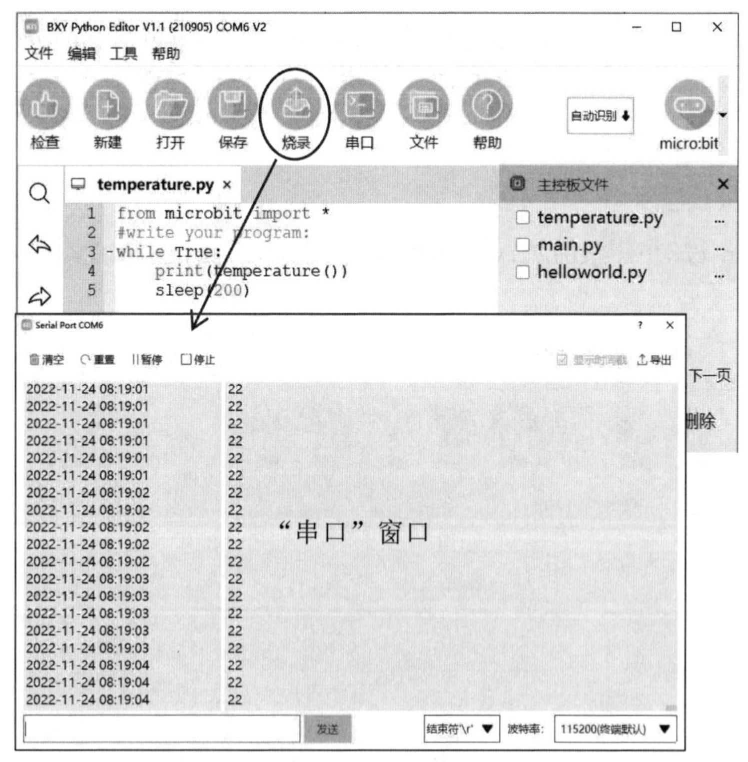

图 3-9 “串口”窗口查看板载湿度

提问：micro:bit 板通过串口输出了板载温度，请试试，是 micro:bit 板的哪个部件控制着温度？

答：____

相关知识

1. 认识 micro:bit 板的其他设备

表 3-3 用 LED 显示自创图像

Image1=Image("99999:80000:77777:00006:55555")
#Image()函数的参数由 5 段数字组成，每段中 5 个数字分别表示一行的 5 个 LED 灯，数字 0~9 表示每个 LED 灯的亮度递增，可自己创建图像用于显示，如图 3-10 所示，上面这段语句能在 LED 点阵屏上显示一个亮度渐变的“5”。
display.show(Image1)
#通过调用 display 模块中的 show()函数，在 LED 点阵屏上显示 Image1 的内容。

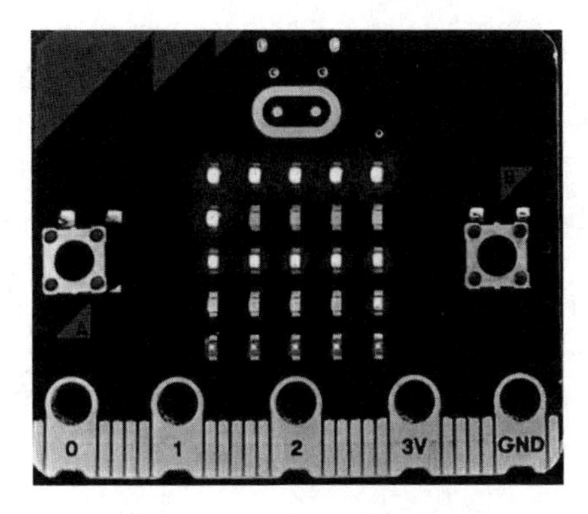

图 3-10　LED 显示图像

（2）麦克风显示音量

在 microphone.sound_level() #返回声音音量的强度，强度范围在 0～255 之间。

2.Python 相关知识

（1）Python 语言介绍

Python 是由荷兰计算机程序员吉多·范罗苏姆发明的。1989 年圣诞节，身处阿姆斯特丹市的吉多，为了打发圣诞节的无趣，决心开发一个新的脚本解释程序，作为 ABC 语言的继承。之所以选中 Python（意为“大蟒蛇”）作为程序的名字，是因为他是一个叫 Monty Python 的喜剧团体的爱好者。

目前，Python 已经成为最受欢迎的程序设计语言之一。它被 TIOBE 编程语言排行榜评为 2007 年度和 2010 年度语言。自从 2004 年以后，Python 的使用率呈线性增长。2016 年 3 月 Python 上升到第五名，仅次于 Java、C、C++、C#。2019 年 8 月，TIOBE 发布了 8 月份的编程语言排行榜，排名第三的分别是 Java、C、Python。

Python 的发展势头这么猛，离不开 Python 的众多特点：

免费、开源——Python 可以自由地发布这个软件的拷贝、阅读它的源代码、对它做改动、把它的一部分用于新的自由软件中。

丰富的库——Python 标准库确实很庞大。它可以帮助你处理各种工作，包括正则表达式、文档生成、单元测试、线程、数据库、网页浏览器、CGI、FTP、电子邮件、XML、XML-RPC、HTML、WAV 文件、密码系统、GUI（图形用户界面）、Tk 和其他与系统有关的操作。

可移植性——由于它的开源本质，Python 已经被移植在许多平台上，所有 Python 程序无需修改就可以在很多平台运行。这些平台包括 Linux、

Windows、FreeBSD、Macintosh、Solaris、OS/2、Amiga、AROS、AS/400、BeOS、OS /390、z/OS、Palm OS、QNX、VMS、Psion、Acom RISC OS、VxWorks、PlayStation、Sharp Zaurus、Windows CE，甚至还有 PocketPC 和 Symbian。

易读——阅读一个良好的 Python 程序就感觉像是在读英语一样，它使你能专注于解决问题而不是去搞明白语言本身，这就是它易读的特点。

解释性——Python 解释器把源代码转换成称为字节码的中间形式，然后再把它翻译成计算机使用的机器语言并运行。

面向对象——Python 即支持面向过程的编程，也支持面向对象的编程。

可扩展性——如果你需要你的一段关键代码运行得更快，或者希望某些算法不公开，你可以把你的部分程序用 C 或 C++编写，然后在你的 Python 程序中使用它们。

可嵌入性——你可以把 Python 嵌入你的 C/C++程序，从而向你的程序用户提供脚本功能。

Python 还被应用在以下方面。

系统编程：提供 API（Application Programming Interface 应用程序编程接口），能方便进行系统维护和管理。

图形处理：有 PIL、Tkinter 等图形库支持，能方便进行图形处理。

数学处理：提供大量与许多标准数学库的接口。

文本处理：re 模块能支持正则表达式进行文本处理。

数据库编程：通过遵循 Python DB-API（数据库应用程序编程接口）模块与数据库通信。Python 自带有一个 Gadfly 模块，提供了一个完整的 SQL 环境。

网络编程：提供丰富的模块支持 sockets 编程。

Web 编程：应用的开发语言，支持最新的 XML 技术。

多媒体应用：Python 的 PyOpenGL 模块封装了“OpenGL 应用程序编程接口”，能进行二维和三维图像处理。

（2）Python 部分语法

①输出

Python 中的输出由 print()函数完成。print()函数有两个参数：

sep=""(以""中的内容为默认分隔，若 sep=""表示无分隔)。

end=""（以""中的内容为结尾，若 end="\n"表示以回车为结尾)。

print()函数输出时默认换行，如果要想输出不换行，需要在参数中加上 end=""。（见图 3-11）

```
>>> print('Hello,world!')
    Hello,world!
>>> print('Hello','world!')
    Hello world!
>>> print('Hello');print('world!')
    Hello
    world!
>>> print('Hello','world!',sep=',')
    Hello,world!
>>> print('Hello',end=',');print('world!')
    Hello,world!
```

图 3-11　print()函数

②行和缩进

Python 中不使用大括号（{}）来控制类、函数以及其他逻辑判断，它用缩进来写模块，相同缩进表示同一层次。

但是所有代码块语句必须包含相同的缩进空白数量，这个必须严格执行。建议每个缩进层次使用单个制表符或两个空格或四个空格（建议使用默认设置，并使用 Tab 键完成语句的缩进，而不要通过空格完成）。

缩进的空白数量是可变的，在“Options”菜单“configure IDE”中可以修改“Font/Tabs”标签中的“Indentation Width”实现，如图 3-12 红圈中所示。

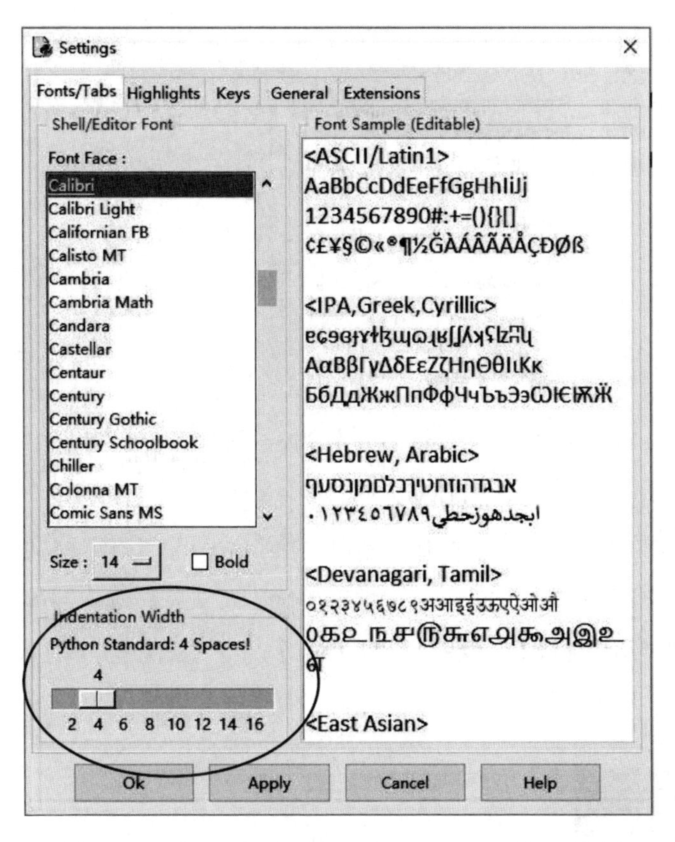

图 3-12 “Option's”菜单“configure IDE”对话框

③多行语句

换行作为前一语句的结束，同一行中使用多条语句时，语句之间使用分号(;)分割。如果是一条语句用多行显示，可以使用斜杠（\）进行分隔。“\”在 Python 中是转义字符，如“\n”表示回车。

④引号与注释

单引号(′)、双引号(″)、三引号(‴或″″″) 可用于表示字符串，引号配对使用。

注释时，单行可用 # 开头，多行可用三个单引号(‴)或三个双引号(″″″)。

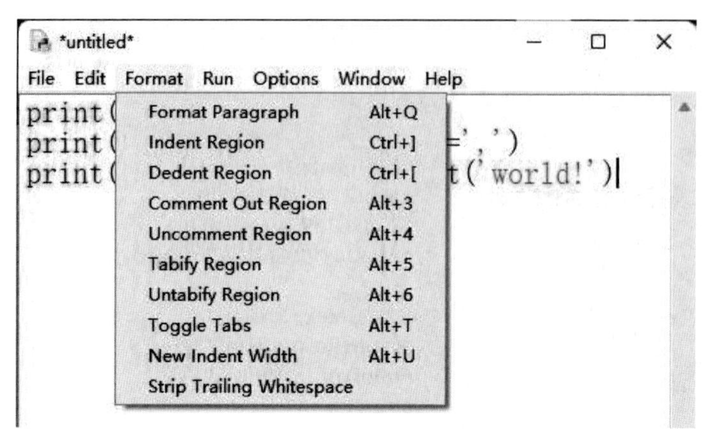

图 3-13 Python IDLE 中“Format”菜单

选中单行或多行，在Python IDLE中“Format”菜单“Comment Out Region”可将所选内容变成注释，“Uncomment Region”可去除所选内容每行前面的注释符。也可使用快捷键【Alt】+“3”和【Alt】+“4”来快速处理注释语句（见图3-12）。

辅助任务

1.用BXY查看串口数据，如图3-14所示。

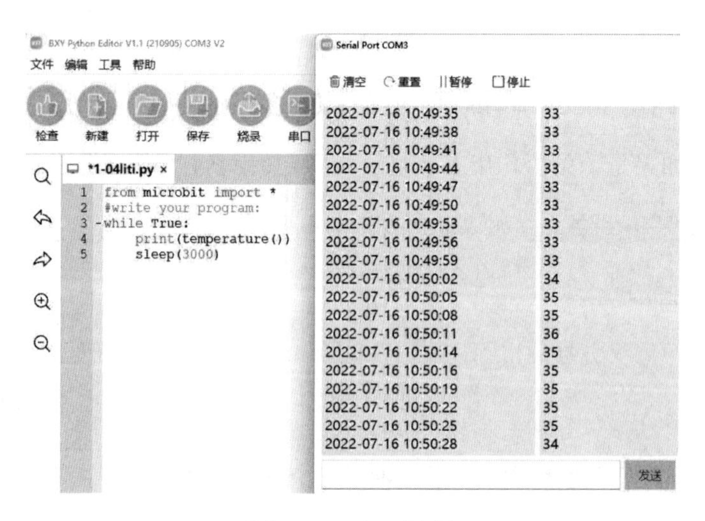

图 3-14 串口数据

这段代码的含义为(　　)

A.每隔 3000 秒读取并显示通过串口检测到的温度值;

B.每隔 3 秒读取并显示通过串口检测到的温度值;

C.每隔 30 秒读取并显示通过串口检测到的温度值;

D.每隔 3 毫秒读取并显示通过串口检测到的温度值。

2.用 LED 点阵屏自创一个图像，请在下面左侧的表格中将图像需要的方块涂黑，再将方块对应填涂的情况，用 0～9 数字表示，写在右侧的表格中，5 个数字一行，表示一行表格信息，再编写相应代码。

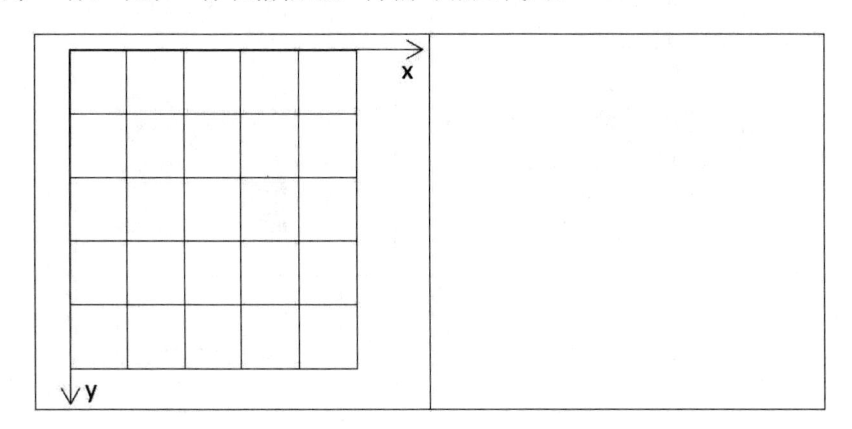

编写代码

```
Image1=Image("______:______:______:______:______")
display.show(Image1)
```

运行调试一下，看看结果是否如你所设计的。

你还可以试试以下设计，把这些图形每隔 0.2 秒播放，看看有什么效果。

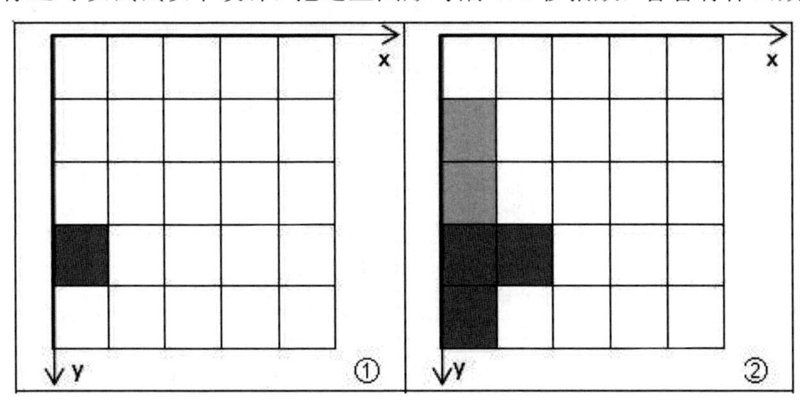

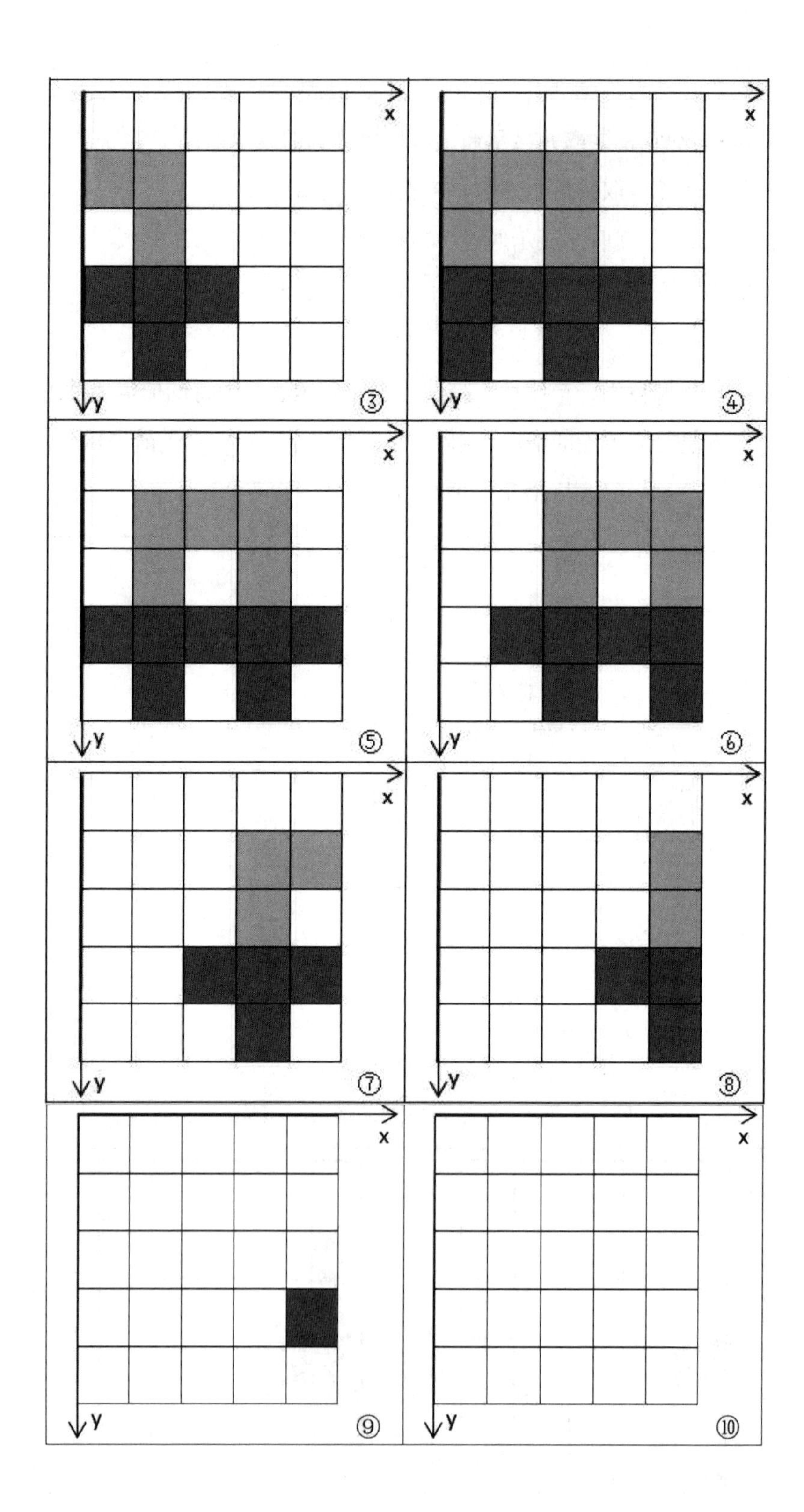
x
y
③
x
y
④
x
y
⑤
x
y
⑥
x
y
⑦
x
y
⑧
x
y
⑨
x
y
⑩

【参考答案】

项目提示：

提问：如上图录入代码烧录后，micro:bit 板会出现什么效果？

答：micro:bit 板的 LED 屏上出现“hello world”字样的走马灯效果。

提问：如上图录入代码烧录后，micro:bit 板会出现什么效果？

答：micro:bit 板的 LED 屏上出现“hello world”字样的走马灯效果，停顿两秒后，再显示一个笑脸，停顿两秒。

提问：micro:bit 板通过串口输出了板载温度，是 micro:bit 板的哪个部件控制着温度？

答：控制器。

辅助任务：

1. B

【解析】本题涉及 BXY Python Editor 编写代码获取外部数据的应用及对代码的理解。代码″while True:″表示无限循环，″temperature()″函数用于返回开发板上自带的温度传感器采集到的温度值，″sleep()″函数用来设置 micro:bit 休眠的时间，以毫秒为单位，″sleep(3000)″表示延时 3 秒(3000 毫秒)读取一次。代码运行后，可以观察到每间隔 3 秒温度传感器获取的温度值。

2. 设计如下代码并运行

```
Image1=Image("00000:00000:00000:90000:00000")    #①
```

```
display.show(Image1)
sleep(200)
Image1=Image("00000:50000:50000:99000:90000")    #②
display.show(Image1)
sleep(200)
Image1=Image("00000:55000:05000:99900:09000")    #③
display.show(Image1)
sleep(200)
Image1=Image("00000:55500:50500:99990:90900")    #④
display.show(Image1)
sleep(200)
Image1=Image("00000:05550:05050:99999:09090")    #⑤
display.show(Image1)
sleep(200)
Image1=Image("00000:00555:00505:09999:00909")    #⑥
display.show(Image1)
sleep(200)
Image1=Image("00000:00055:00050:00999:00090")    #⑦
display.show(Image1)
sleep(200)
Image1=Image("00000:00005:00005:00099:00009")    #⑧
display.show(Image1)
sleep(200)
Image1=Image("00000:00000:00000:00009:00000")    #⑨
```

```
display.show(Image1)
sleep(200)
Image1=Image("00000:00000:00000:00000:00000")    #⑩
display.show(Image1)
sleep(200)
```

第4章　项目二 光线自动感应灯

实践项目说明

马路上路灯的开关，若能根据环境光线的亮暗自动开启或关闭，就能免去人工操作的麻烦。本项目通过光线传感器获取环境光线值，再根据光线值的大小，控制LED灯的开启或关闭。

项目目标

1. 认识扩展板及部分外接设备；

2. 能正确地连接及编写相应程序；

3. 理解传感与控制的相互作用。

项目器材

micro:bit板一块、USB线一条、扩展板一块、光线传感器一个、外接LED灯一个。

项目提示

1. 传感与控制

信息系统通过传感器获取外部世界的各种信息，通过执行器可以作用于外部世界。按原理的不同，信息系统中的控制分为开环控制和闭环控制两种。开环控制指控制的结果不会影响当前的控制输出，而闭环控制将控制的结果反馈回来与系统设定的希望值比较，并根据它们的误差调整控制作用（见图 4-1）。

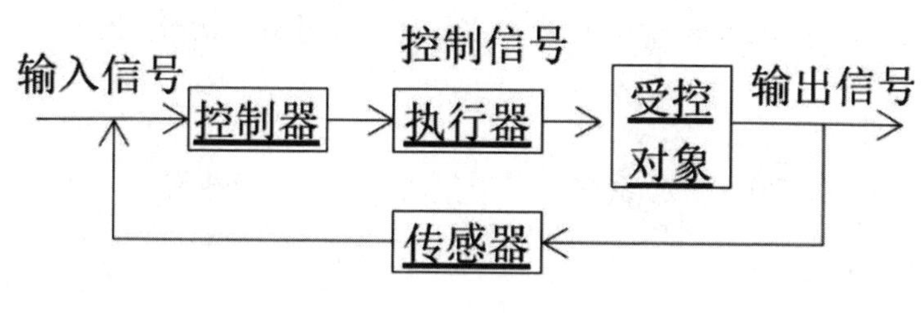

图 4-1　控制与反馈

提问：本项目中通过光线值控制马路路灯的开关，属于______控制。

2. 认识扩展板

（1）扩展板说明（见图 4-2）

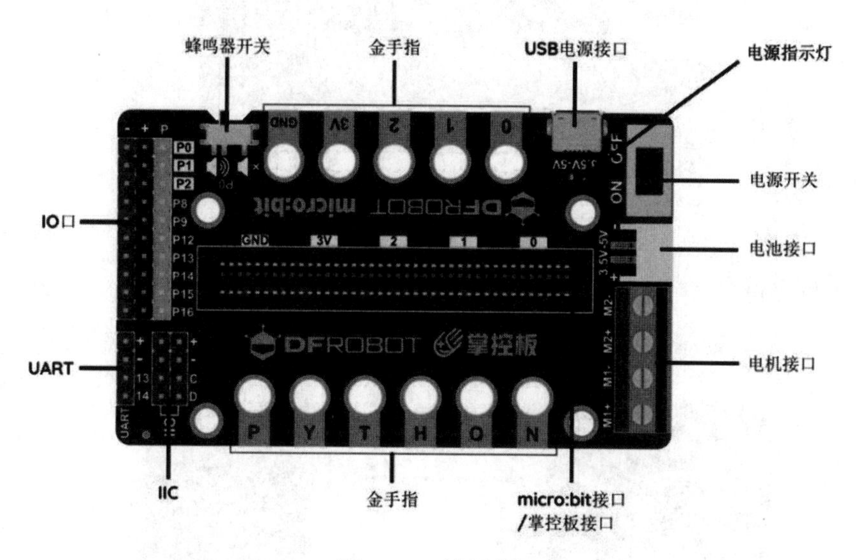

图 4-2　扩展板

扩展板各项说明：

IO 口:10 路数字/3 路模拟 pin 口。

模拟信号:连续变化的物理量 0～1023。

数字信号:1:高电平,0:低电平。

pin0,pin1,pin2:可读写两种信号，常用于读写模拟信号。

pin8,pin9,pin12～pin16:只读数字信号，可写两种信号，常用于读写数字信号。

IIC 口:2 路。IIC 协议:系统内多个集成电路(IC)间通信。

UART 口(串口):1 路。

（2）连接 micro:bit 板

将micro:bit板正面(金手指0、1、2、3V、GMD一面)与扩展板上“micro:bit”标识的一侧对齐插入（见图 4-3）。

图 4-3 扩展板连接 micro:bit 板

3. 认识外接设备

（1）环境光线传感器（见图 4-4）

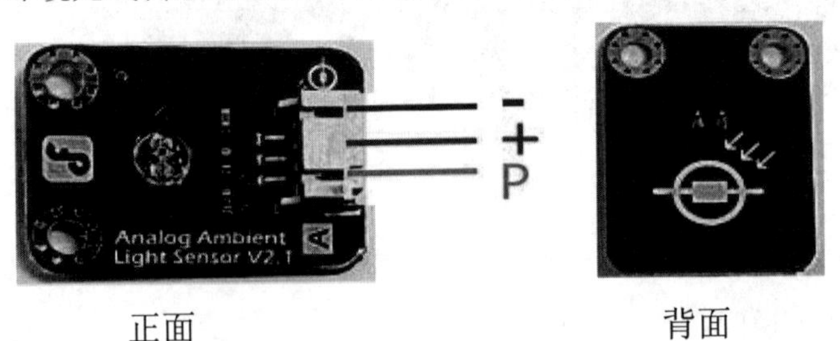

图 4-4 环境光线传感器

黑线-：为负极，即 GND。

红线+：为正极。

绿线 P：为数据传输。

（2）外接 LED 灯（见图 4-5）

正面　　　　　　背面

图 4-5　LED 灯

（3）硬件连接

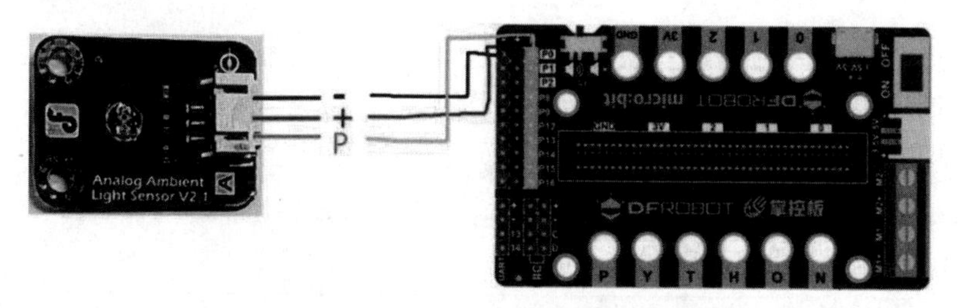

图 4-6　光线传感器与扩展板连接

如图 4-6 所示进行连接，光线传感器接 pin0 口，外接 LED 灯接 pin8 口。

4. 编写代码

（1）读写信号

```
pin0.read_analog()         #可读取模拟信号；
pin8.read_digital()        #可读取数字信号 0/1；
pin0.write_analog(200)     #输出模拟信号；
pin8.write_digital(1)      #pin8 输出数字信号，1 表示高电平，
0 表示低电平。
```

光线传感器用于输入，LED 灯用于输出，故用 pin0 读取信号，pin8 写入信号。

（2）获取光线传感器程序（见图 4-7）

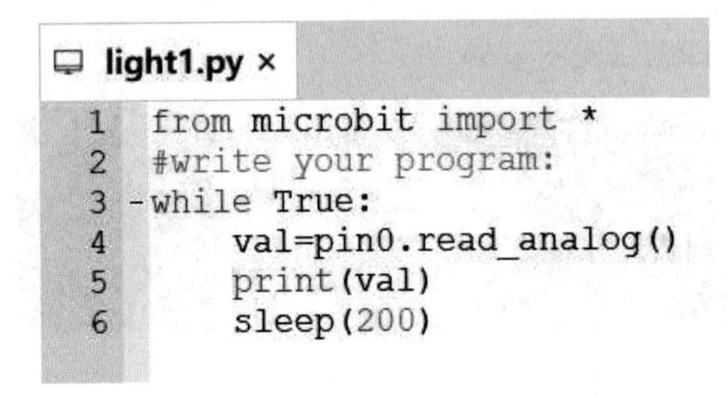

```
1  from microbit import *
2  #write your program:
3 -while True:
4      val=pin0.read_analog()
5      print(val)
6      sleep(200)
```

图 4-7　light1.py 程序界面图

表 4-1 代码说明

While True:
#通过循环语句，让下面的程序段一直运行
val=pin0.read_analog()
#将 pin0 口读取到的数据保存在变量 val 中
print(val)
#在串口输出变量 val 的值
sleep(200)
#每隔 0.2 秒重复执行一次

本程序段的功能是：每隔 200 毫秒获取一次光线传感器的数据，在串口输出。

5. 拓展任务

（1）认识 NFC 模块和舵机模块

使用 NFC 模块时，用四芯线连接 IIC 接口（见图 4-8）。

图 4-8 NFC 模块

图 4-9 舵机

舵机型号：DMS-MG90 180°:数字舵机 0~180 度（见图 4-9）。

（2）拓展任务 1：读取 NFC 的 UID 卡号

表 4-2 代码说明

import PN532
#使用 NFC 时导入 PN532 模块
nfc = PN532()
#建立一个 PN532 对象，对象名为 nfc
nfc.begin()
#nfc 对象开始工作

while True:
    sleep(200)
    print(nfc.read_uid())

#每隔 200ms 读取 NFC 的 UID 卡号信息并输出

（3）拓展任务 2：NFC 控制

任务描述：当 NFC 卡号吻合时，舵机模拟开门，否则关门。

表 4-3 代码说明

```
import PN532
nfc = PN532()
nfc.begin()
```

```
import Servo
sv=Servo(pin0)
```

#使用舵机时，需导入 Servo 模块，将舵机连在 pin0 上，并建立对应的舵机对象，对象名为 sv

```
while True:
    sleep(1000)
    print(nfc.read_uid())
```

#每隔一秒，读取 NFC 的 UID 号，并在串口输出

```
    if nfc.read_uid()=='0b72f74a':
        sv.angle(90)
        sleep(2000)
        sv.angle(0)
```

#若卡号正确，则开门，舵机转 90 度；两秒后关门，舵机转回 0 度

相关知识

1. 基本语法

Python 的设计哲学是**“优雅”“明确”“简单”**。简单来说，这就是 Pythonic，充分体现 Python 自身特色的代码风格。在 Python IDLE 中输入

“import this”，将显示诗《Python 之禅》。《Python 之禅》中的每一条，都可作为编程的信条（见图 4-10）。

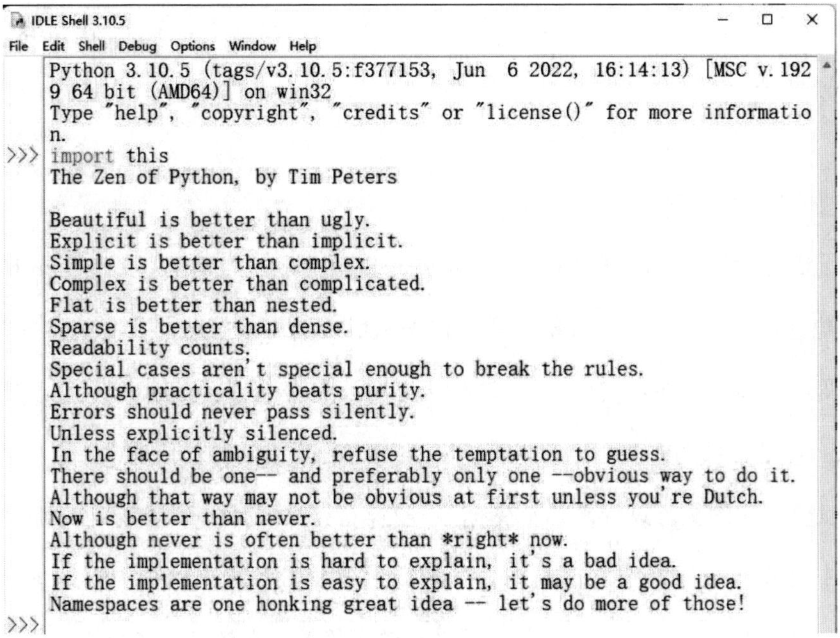

```
IDLE Shell 3.10.5
File Edit Shell Debug Options Window Help
Python 3.10.5 (tags/v3.10.5:f377153, Jun  6 2022, 16:14:13) [MSC v.192
9 64 bit (AMD64)] on win32
Type "help", "copyright", "credits" or "license()" for more informatio
n.
>>> import this
The Zen of Python, by Tim Peters

Beautiful is better than ugly.
Explicit is better than implicit.
Simple is better than complex.
Complex is better than complicated.
Flat is better than nested.
Sparse is better than dense.
Readability counts.
Special cases aren't special enough to break the rules.
Although practicality beats purity.
Errors should never pass silently.
Unless explicitly silenced.
In the face of ambiguity, refuse the temptation to guess.
There should be one-- and preferably only one --obvious way to do it.
Although that way may not be obvious at first unless you're Dutch.
Now is better than never.
Although never is often better than *right* now.
If the implementation is hard to explain, it's a bad idea.
If the implementation is easy to explain, it may be a good idea.
Namespaces are one honking great idea -- let's do more of those!
>>>
```

图 4-10　诗《Python 之禅》

2. Python 变量

程序设计时，有些数据是未知或可变的。为了更灵活地使用这些数据，可以使用变量来存储。变量在内存中创建，包括变量的标识、名称和数据。变量命名可以包括字母、数字和下划线，但不能以数字开头，而且字母要区分大小写。

示例：两个变量交换

在其他语言中需要中间变量，如：

```
tmp=a
a=b
```

b=tmp

利用 Python 的 packaging/uppackaging 机制，Pythonic 的代码只需要以下一行：

a, b=b, a

3.赋值语句

赋值是创建一个新变量的过程，也就是重新分配了内存空间。Python 属于强类型编程语言，Python 解释器会根据赋值或运算来自动推断变量类型。所以变量无须声明即可使用，或者说对从未用过的变量赋值就是声明了变量。Python 还是一种动态类型语言，变量的类型也是可以随时变化的。

赋值语句的执行过程是：首先把等号右侧表达式的值计算出来，然后在内存中寻找一个位置把值存放进去，最后创建变量并指向这个内存地址。Python 中的变量并不直接存储值，而是存储了值的内存地址或者引用，这也是变量类型随时可以改变的原因。Python 具有自动内存管理功能，对于没有任何变量指向的值，Python 自动将其删除。Python 会跟踪所有的值，并自动删除不再有变量指向的值。

```
>>> a="abc"       #Python 解释器做了两件事
    #1.内存中创建了“abc”字符串
    #2.内存中创建了名为 a 的变量，并把它指向了“abc”。
>>> b=a           #创建变量 b，也指向了“abc”
>>> a=123         #变量可反复赋值,且可为不同类型
>>> type(a)       #返回 a 的类型
>>> type(b)
>>> a,b,c=1,2,3   #序列解包，a,b,c 分别指向三个不同的地址
```

```
>>> a,b=b,a            #实现两个变量交换
>>> a=b=c=10           #链式赋值
>>> a+=1               #a=11,增量赋值
```

还可以像例子中一样，直接同时为多个变量赋值。

Python 采用的是基于值的内存管理方式，如果为不同变量赋值为相同值，这个值在内存中只有一份，多个变量指向同一块内存地址（见图 4-11）。

```
>>> a = 3
>>> id(a)
10417624
>>> b = 3
>>> id(b)
10417624
>>> a = [1, 1, 1, 1]
>>> id(a[0]) == id(a[1])
True
```

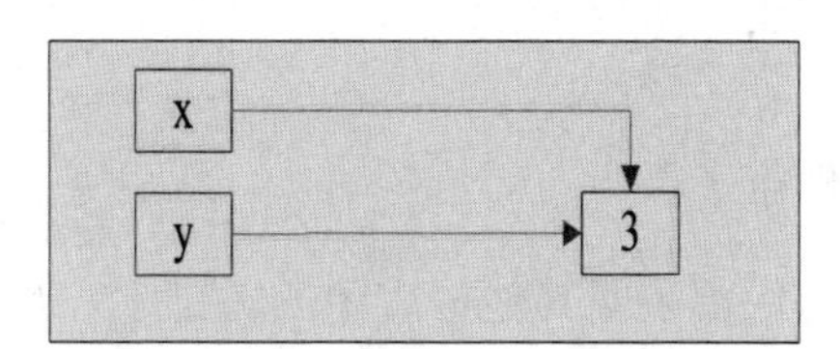

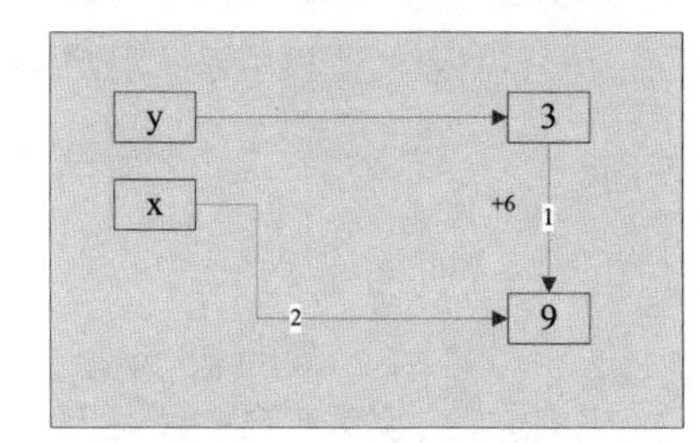

图 4-11　数据在内存中的地址指向

这里要注意一个问题

```
>>> a=b=[1,2]          #a,b 指向同一个地址，修改 a 时，b 也发生变化
>>> id(a)              #显示 a 的地址
>>> id(b)              #显示发现 a、b 地址一样
>>> a[0]=2
>>> a
[2, 2]
>>> b
[2, 2]
```

```
>>> a,b=[1,2],[1,2]        # a,b 指向不同的地址，a 变 b 不变
>>> a[0]=2
>>> a
[2, 2]
>>> b
[1, 2]
```

3.保留字符

保留字即其他语言中的关键字，是指在语言本身的编译器中已经定义过的单词，具有特定含义和用途，用户不能再将这些单词作为变量名或函数名、类名使用。

查看方法（见图 4-12）：

```
>>> import keyword
>>> keyword.kwlist
['False', 'None', 'True', 'and', 'as
', 'assert', 'async', 'await', 'brea
k', 'class', 'continue', 'def', 'del
', 'elif', 'else', 'except', 'finall
y', 'for', 'from', 'global', 'if', '
import', 'in', 'is', 'lambda', 'nonl
ocal', 'not', 'or', 'pass', 'raise',
'return', 'try', 'while', 'with', 'y
ield']
```

图 4-12 关键字

表 4-4 Python 3.X 中部分保留字的含义及作用

保留字	说明
and	逻辑与操作，用于表达式运算
as	用于转换数据类型
assert	用于判断变量或条件表达式的结果

续前表

async	用于启用异步操作
await	用于异步操作中等待协程返回
break	中断循环语句的执行
class	定义类
continue	继续执行下一次循环
def	定义函数或方法
del	删除变量或序列的值
elif	条件语句，与 if、else 结合使用
else	条件语句，与 if、elif 结合使用；也可用于异常或循环语句
except	包含捕获异常后的处理代码块，与 try、finally 结合使用
False	含义为“假”的逻辑值
finally	包含捕获异常后的始终要调用的代码块，与 try、except 结合使用
for	循环语句
from	用于导入模块，与 import 结合使用
global	用于在函数或其他局部作用域中使用全局变量
if	条件语句，与 elif、else 结合使用
import	导入模块，与 from 结合使用
in	判断变量是否在序列中
is	判断变量是否为某个类的实例
lambda	定义匿名函数
None	表示一个空对象或是一个特殊的空值

续前表

nonlocal	用于在函数或其他作用域中使用外层（非全局）变量
not	逻辑非操作，用于表达式运算
or	逻辑或操作，用于表达式运算
pass	空的类、方法或函数的占位符
raise	用于抛出异常
return	从函数返回计算结果
True	含义为“真”的逻辑值
try	测试执行可能出现异常的代码，与 except,finally 结合使用
while	循环语句
with	简化 Python 的语句
yield	从函数依次返回值

4. 输入

Python3. x 中 input()函数接受一个标准输入数据，返回为 string 类型。如：

```
>>> a=input()
23
>>> a
'23'
```

第一行语句，是将输入的内容存储在变量 a 中，如输入 23，故在第三行只输一个 a 时，则第四行显示变量 a 的值，由于 input()函数返回为 string 类型，故显示为'23'。若要将输入的数据变为数值型，可在输入时使用数值型

函数，如

```
>>> b=int(input())
23
>>> b
23
```

第一行语句，将输入的内容通过 int()函数转为整数型存储在变量 b 中，故在第三行输入 b 时，则第四行显示变量 b 的值为整数 23，而非字符串'23'。

input()函数中可添加参数，显示输入时的提示语句，如：

```
>>> c=int(input('请输入一个整数'))
请输入一个整数 23
>>> c
23
```

第一行语句中，在 input()函数中添加了一个字符串参数，表示在此处输入一个整数，故在第二行显示该信息，并可在该信息后输入数据。

辅助任务

1. 尝试获取当前室内的光线数据，请将相关硬件连接。当光线数据小于 200 时，将 LED 灯打开，否则则关闭 LED 灯。若要实现该功能，相关的算法说明在下面左方框中，请在下面右方框中写入代码。

始终控制： 获取环境光线值 串口输出环境光线值 如果环境光线值<200 时： LED 灯打开 否则 LED 灯关闭 间隔 200 毫秒	

2.通过 micro:bit 板载光线传感器获取光线值，反向映射到 LED 点阵屏亮度。请在下面方框中写入代码。

提示：display.read_light_level()#获取光照强度（0~255）

当获取的光照强度越大，则 LED 点阵屏越暗，反之则越亮。

【参考答案】

辅助任务：

1.

```
while True:
    val=pin0.read_analog()
    print(val)
    if val<200:
        pin8.write_digital(1)
    else:
        pin8.write_digital(0)
    sleep(200)
```

2.

```
from microbit import *
#write your program:
while True:
    val=display.read_light_level()          #获取光照强度（0~255）
    v1=str(9-val*3//100)
    v=''
    for i in range(5):
        for j in range(5):
            v=v+v1
        v=v+':'
    print(v)
    display.show(Image(v))
    sleep(200)
```

第5章 项目三 串口控制

实践项目说明

Micro:bit可以通过串口输出信息，也可以通过串口获取信息。本项目通过串口调试工具，查看串口数据，并能将micro:bit与电脑相连，实现由电脑对micro:bit板的直接控制。

项目目标

1. 理解串口控制原理；
2. 给micro:bit板编程；
3. 通过Python程序控制micro:bit板。

项目器材

micro:bit板一块，USB线一条。

项目提示

1. 串口控制原理

之前用USB线向micro:bit板烧录程序后，如果micro:bit板有外接电源的话，则不需要再连接电脑。但micro:bit板可以通过print()语句向串口输出信息，外面也可以通过串口向micro:bit板输入信息。所以可以使用计算机中的Python程序控制micro:bit板，进行串口的输入与输出。

故本活动由两部分组成：

（1）给micro:bit板编程，输入不同的字符时，呈现不同的表情；

（2）用Python程序控制串口，实现通过串口发送字符。

2. 给micro:bit板编程

（1）观察程序，理解其中的语句，完成下列活动要求：

```
from microbit import *
#write your program:
while True:
    if uart.any():  #串口有任何输入
        #将uart读入的内容放入变量
        incoming=str(uart.readall(),'UTF-8')
        #并去除变量incoming结束符
    incoming=incoming.strip('\n')
        if incoming=='H':
            display.show(Image.HAPPY)
            print("happy")
        elif incoming=='S':
            display.show(Image.SAD)
            print("sad")
```

```
        else:
            print("angry")
```

活动要求：补充代码，使之能实现：

若串口收到“H”时，板显“高兴”表情；

若串口收到“S”时，板显“难过”表情；

否则板显“愤怒”表情。

操作提示：在语句print("angry")后换行输入：

display.show(Image.ANGRY)

（2）通过串口调试micro:bit板

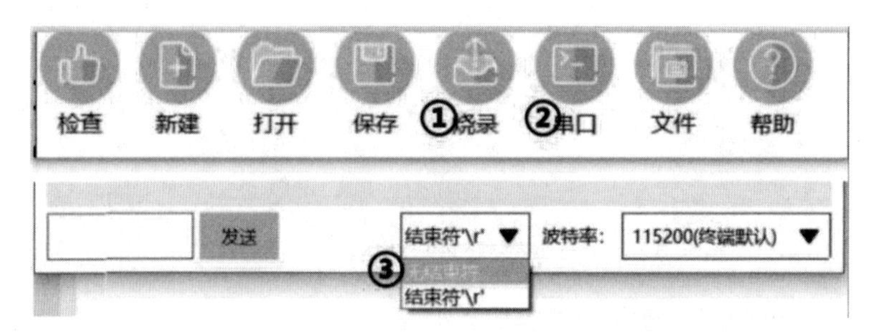

图 5-1 BXY菜单与串口界面设置

烧录程序后，打开串口面板，设置为无结束符，再在左侧的输入框中输入“H”“S”或其他字符，观察micro:bit板显的结果、串口输出的内容（见图5-1）。

3. 用Python控制串口

（1）观察计算机与micro:bit板连接的串口号

import serial	#导入serial模块，需提前pip安装Pyserial库
ser=serial.Serial()	
ser.baudrate=115200	#要与BXY中的波特率的一致

ser.port='COM5' ser.open()	#要与计算机与 micro:bit 板连接的串口号一致

连接 micro:bit 板，再打开计算机中的设备管理器，观察串口号，如图 5-2，本机连接的 micro:bit 板串口号为 COM5。或者可直接在 bxy 的串口窗口中查看，如图 5-3，串口号为 COM4。

图 5-2 设备管理器

图 5-3 BXY 串口号

（2）编写 Python 控制程序

由于 BXY 软件打开时，BXY 会占用串口进行输出与输出，所以如要用 Python 控制串口，需要关闭 BXY。

```
import serial
ser=serial.Serial()
ser.baudrate=115200
ser.port='COM5'
ser.open()
```

```
#Python 交互控制 LED 灯
while True:
    name=input('请输入控制字符')
    #向 micro:bit 板串口输入数据
    ser.write(name.encode())
    #读取 micro:bit 板串口输出数据
    line=ser.readline()
    print(line.strip().decode())
```

运行结果：

当 Python 程序运行时，输入“H”时，micro:bit 板出现笑脸表情，并在 Python shell 端出现“happy”字样，当 Python 程序运行时，输入“S”时，micro:bit 板出现难过表情，并在 Python shell 端出现“sad”字样，当 Python 程序运行时，输入其他字符时，micro:bit 板出现愤怒表情，并在 Python shell 端出现“angry”字样。

4. 拓展活动 1

（1）活动目标

用 Python 控制 micro:bit 板连接的 LED 灯，当 Python 输入 K 时，开 LED 灯；输入 G 时，关 LED 灯。

（2）编写代码

①micro:bit 板代码：LED 灯接 pin8 口。

```
from microbit import *
#write your program:
while True:
    if uart.any():
        incoming=str(uart.readall(),'UTF-8')
        incoming=incoming.strip('\n')
        if incoming=='K':
            pin8.write_digital(1)
            print("开")
        elif incoming=='G':
            pin8.write_digital(0)
            print("关")
```

②Python 端代码：

```
import serial
ser=serial.Serial()
ser.baudrate=115200
ser.port='COM5'
ser.open()
while True:
    name=input('请输入控制字符')
    ser.write(name.encode())
```

5. 拓展活动 2

（1）活动目标

接收光线数据，通过计算机控制 LED 灯，光线过暗时开灯，光线足时关灯。特别要求：光线传感器与 LED 灯安装相距一定距离，不要过近。

（2）活动器材

micro:bit 板二块、USB 线二条、扩展板二块、光线传感器一个、外接 LED 灯一个。

（3）连接硬件

micro:bit 板 1 用于控制 LED 灯：将 LED 灯连接到 micro:bit 板 1 的 pin8 口上。

micro:bit 板 2 用于获取光线数据：将光线传感器连接到 micro:bit 板 2 的 pin0 口。

将两块 micro:bit 板均与计算机连接。

（4）编写代码

请根据需求编写代码：

①micro:bit 板 1 代码：与拓展活动 1 的 micro:bit 板程序一致；

②micro:bit 板 2 代码：获取光线数据，并串口输出；

```
from microbit import *
#write your program:
while True:
    print(pin0.read_analog())
```

③Python 端代码：当串口获取的光线数据<200 时，向串口输入“K”，否则输入“G”。

```
import serial
ser1=serial.Serial()
ser1.baudrate=115200
ser1.port='COM5'
ser1.open()
ser2=serial.Serial()
ser2.baudrate=115200
ser2.port='COM6'
ser2.open()
while True:
    x=ser2.readline()
    a=x.strip().decode()
    print(a)
    if int(a)<200:
        ser1.write('K'.encode())
    else:
        ser1.write('G'.encode())
ser2.close()
```

相关知识

1. 算法的控制结构

(1) 顺序结构

在算法执行流程中，执行完一个处理步骤后，按照次序执行下一个步骤（见图 5-4）。

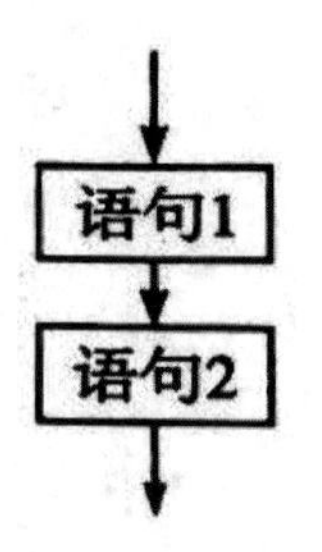

图 5-4 顺序结构

(2)分支结构:

也称为选择结构。在算法执行流程中，对某个情况 e 进行判断，若结果为真时，执行 Y 指向的流程线下的语句 1；否则执行 N 指向的流程线下的语句 2（见图 5-5）。

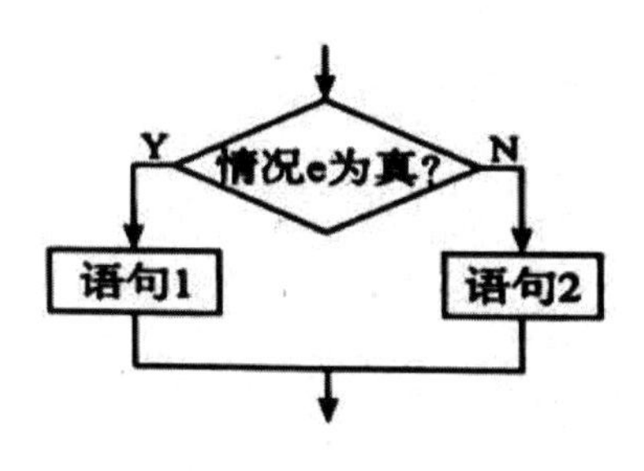

图 5-5 分支结构

(3)循环结构:

在算法执行流程中，对某个情况 e 进行判断，当结果为真时，执行 Y 指向的流程线下的语句组 1，然后再次判断情况 e，当结果还为真，则再次执行语句组 1，并继续判断情况 e，重复上述过程，直到判断的结果为假，执行 N 指向的流程线下的其他语句（见图 5-6）。

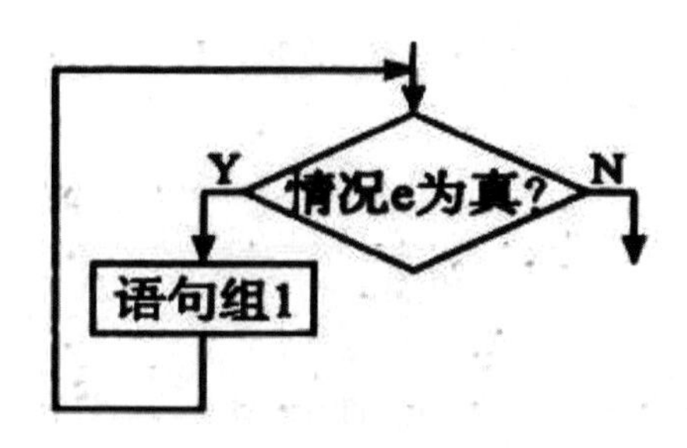

图 5-6 循环结构

2. 常用三种语句

（1）顺序结构的程序实现

两个变量 a、b 值的交换：

c=a;a=b;b=c　　或　　a,b=b,a

（2）分支结构的程序实现

①if 语句

```
if <条件>:
    <语句块 1>
else:
    <语句块 2>
```

或

```
if <条件>:
    <语句块>
```

②if-elif 语句

```
if <条件 1>:
    <语句块 1>
elif <条件 2>:
    <语句块 2>
...
elif <条件 N>:
    <语句块 N>
else:
    <语句块 N+1>
```

（3）循环结构的程序实现

①for 语句

```
格式：
for 〈变量〉 in 〈序列〉:
    〈循环体〉
[else:
    〈语句块〉]
```

在 for 语句通过遍历序列中的元素实现循环，序列中的元素会被依次赋值给变量，然后执行一次循环体。当序列中的元素全部遍历完时，程序会自动退出循环，继续执行 else 子句中的语句块（该 else 子句可选）。若循环过程中执行了循环体中的 break 语句，则程序会中途退出 for 语句，即使有 else 子句也不会被执行。

例 1.要输出 1~5 平方数

```
for i in range(1,6):
    print(i,'的平方数是',i*i)
```

range 函数用来创建一个数字的列表，它的范围是从起始数字开始到结束数字之前。

range(8)…………范围[0,8)

range(1,6,3)……范围 1,4

range(6,1,-1)……范围 6,5,4,3,2

例 2.输出[15,30]区间中 3 的倍数：

```
for  i  in  range(15,31,3):
    print(i)
```

例 3.逆序输出[16,30]区间的偶数：

```
for i in range(30,15,-2):
    print(i)
```

②while 语句

格式： while <条件>: <循环体>

当while语句在执行时，会先判断条件是否为真，如果条件为真，执行一次循环体，再次判断条件是否为真，如仍为真，则再执行一次循环体，以此类推，直到条件为假时退出while语句。

例4.猴子吃桃问题，猴子每天吃一半多1个，共有46个桃子，吃几天?

```
d=0
s=46
while s>0:
    s=s/2-1
    d=d+1
print('吃',d,'天')
```

③跳出循环

break语句用来终止循环语句，即循环条件没有False条件或者序列还没被完全遍历完，也会停止执行循环语句。如果您使用嵌套循环，break语句将停止执行当前所在层的循环，并开始执行下一行代码。

例5.输入一个正整数，判断它是否是一个素数

```
n=int(input('请输入一个正整数:'))
for i in range(2,n):
    if n % i==0:
        print(str(n)+'不是一个素数')
        break
```

#当i为n的因子时，break语句就会执行，跳出该层循环后开始执行下一行代码。

```
else:
    print(str(n)+'是一个素数')
    #else 中的语句会在循环正常执行完（即 for 不是通过 break 跳出而中断的）的情况下执行，while...else 也是一样。
```

由 continue 语句跳出本次循环，而 break 跳出整个循环。continue 语句用来告诉 Python 跳过当前循环的剩余语句，然后继续进行下一轮循环。当执行过程中遇到 continue 语句时，无论执行条件是真还是假，都跳过这次循环，进入下一次循环，break 语句用来告诉 Python 跳过当前循环的剩余语句，然后继续进行下一轮循环。

例 6. 跳过输入字符串中所有的大写字母，只显示非大写字母。

```
s=input('请输入一串含大写字母的语句')
s1=''
for i in s:
    if 'A'<=i<='Z':
        continue
    s1=s1+i
print('只显示非大写字母',s1)
```

辅助任务

1. 在印度有一个古老的传说：舍罕王打算奖赏国际象棋的发明人——宰相西萨·班·达依尔。国王问他想要什么，他对国王说：“陛下，请您在这张棋盘的第 1 个小格里，赏给我 1 粒麦子，在第 2 个小格里给 2 粒，第 3 小格给

4 粒，以后每一小格都为前一小格的二倍。请您把这样摆满棋盘上所有的 64 格的麦粒，都赏给您的仆人吧！”国王觉得这要求太容易满足了，就命令给他这些麦粒。当人们把一袋一袋的麦子搬来开始计数时，国王才发现：就是把全印度甚至全世界的麦粒全拿来，也满足不了那位宰相的要求。 那么，宰相要求得到的麦粒到底有多少呢？请在下面的两个方框中分别用 for 语句和 while 书写该程序。

for 语句程序：

while 语句程序：

2. 将从串口获取最近 20 条记录的数据保存到文本文件中，便于后期分析。请在下面的方框中填入正确的代码。

提示：

```
f=open(microbit.txt,'wb')    #打开文件
f.write(line)                #将内容写入文件
```

【参考答案】

辅助任务

1.

for 语句程序：

```
n=int(input('请输入棋盘格子数'))
x=1      #第 1 格麦粒数为 1
s=0      #麦粒总数为 0
for i in range(1,n+1):
    s=s+x
    x=x*2
print('棋盘格子数为',n,',麦粒总数为',s)
```

while 语句程序：

```
n=int(input('请输入棋盘格子数'))
x=1      #第 1 格麦粒数为 1
s=0      #麦粒总数为 0
i=1
while i<n+1:
    s=s+x
    x=x*2
    i=i+1
print('棋盘格子数为',n,',麦粒总数为',s)
```

2.

```
import serial
```

```
ser = serial.Serial()
ser.baudrate= 115200
ser.port = 'COM3'
ser.open()
f=open(microbit.txt,'wb')
a=20
while a>0:
    a-=1
    line=ser.readline()
    f.write(line)
    print(line)
f.close()
ser.close()
```

第 6 章　项目四 无线电报机

实践项目说明

你在电视上有没有看到过革命先辈为了革命的胜利，在敌后工作中发报的画面。革命先辈们手指轻按，就可以用一台电台与后方传递神秘的情报。现在 micro:bit 板也可以实现这样的功能：使用按钮发送情报，再用另一端无线接收情报。快来和你的小伙伴们开始情报发送游戏吧！

项目目标

1. 认识 radio 模块与板载按钮；
2. 编写发送程序，使用按钮输入密文；
3. 编写接收程序，收到密文转为明文。

项目器材

micro:bit 板二块、USB 线二条，扩展板二块，光线传感器一个，LED 灯一个。

项目提示

1. 认识 radio 模块与板载按钮

（1）radio 模块（无线电模块）可以让设备通过简单的无线网络协同工作。

代码说明(带颜色底纹的是源代码)：

源代码	说明
import radio	#导入 radio 模块
radio.on()	#打开广播
radio.send(code)	#发送消息
mas=radio.receive()	#接收消息存入 mas 变量中

（2）板载按钮

可编程按钮 A、B

源代码	说明
button_a.is_pressed()	#返回按钮 A 状态，True 或 False

2. 发送程序

```
#该程序烧录到发送板 1，用于发送信号
from microbit import *
#write your program:
import radio


tab1={'00':'a','01':'b','10':'c','11':'d'}
radio.on()
code=''
while True:
    while len(code)<2:
        if button_a.is_pressed():
```

```
            code=code+'0'
            sleep(300)
        elif button_b.is_pressed():
            code=code+'1'
            sleep(300)
    display.show(tab1[code])
    radio.send(code)
    code=''
    sleep(2000)
    display.clear()
```


3. 接收程序

```
#该程序烧录到接收板 2，用于接收信号
from microbit import *
#write your program:
import radio

tab1=['a','b','c','d']
tab2=['00','01','10','11']
radio.on()
code=''
while True:
    code=radio.receive()
```

```
    if code!=None:
        display.show(tabl[int(code,2)])
        sleep(2000)
        display.clear()
```

快和你的小伙伴们，试一下这款无线发报机吧（见图 6-1）！

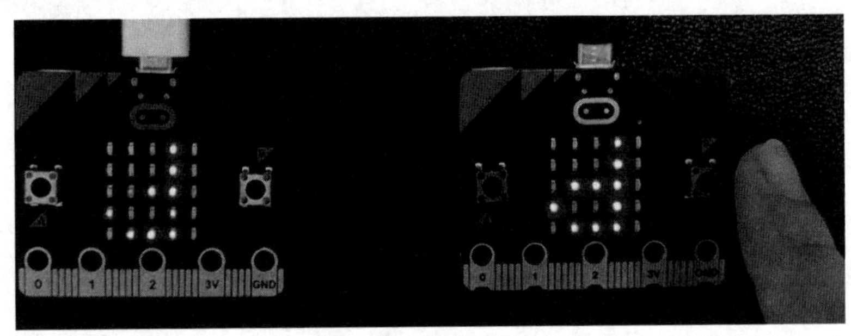

图 6-1 无线发报机

通过点击发送板 1 上的 A、B 按钮，是不是在接收板 2 上也出现了相应的字母？恭喜你们，无线发报机初步成功！

4. 拓展活动

目标：通过板 1 接收光线数据，通过 radio 传输到板 2，控制板 2 连接的 LED 灯，光线过暗时开灯，光线足够亮时关灯。

（1）发送程序

```
import radio


radio.on()
while True:
    code=str(pin0.read_analog())
```

```
        print(code)
        display.scroll(code)
        radio.send(code)
        code=''
        sleep(2000)
```

（2）接收程序

```
import radio
radio.on()
while True:
    code=radio.receive()
    if code!=None:
        display.scroll(code)
        if int(code)<200:
            pin8.write_digital(1)
        else:
            pin8.write_digital(0)
    sleep(2000)
```

相关知识

1. 列表类型

序列是 Python 中最基本的数据结构，序列中每个元素被分配一个元素位置，第一个元素位置是 0。字符串就是一个由字符组成的序列，列表也是属于序列的一种，列表用[ ]标识，是集合类数据结构。

列表支持字符、数字、字符串，甚至可以包含列表（即列表嵌套）。可以截取相应的列表，从左到右索引默认从 0 开始，从右到左索引默认从-1 开始。列表的分割可以截取列表中的一部分，方法是：列表名[头下标：尾下标]，表示从头下标取到尾下标的前一个位置。下标可以为空，头下标为空时表示从头开始分割，尾下标为空时表示分割到结尾为止。

例 1. 列表基本操作

>>> L=list(range(6))	#生成 0~5 个数，存入列表 L 中
>>> print(L) [0, 1, 2, 3, 4, 5]	#打印全部
>>> print(L[2]) 2	#打印第 2 个（从第 0 个开始）
>>> print(L[3:5]) [3, 4]	#打印第[3,5)个，即第 3、4 个元素
>>> L[5]='A'	#将第 5 个元素新定义
>>> print(L[0:6:2]) [0, 2, 4]	#打印第 0、2、4 个
>>> print(L) [0, 1, 2, 3, 4, 'A']	#打印全部

例 2. 列表操作符

>>> print(len([1, 2, 3])) 3	#len()函数：列表长度
>>> print([1, 2, 3] + [4, 5, 6]) [1, 2, 3, 4, 5, 6]	# +用于连接列表
>>> print(['Hi'] * 4) ['Hi!', 'Hi!', 'Hi!', 'Hi!']	# *用于重复列表
>>> print(3 in [1, 2, 3]) True	# 3 是否在[1,2,3]中
>>> for x in [1, 2, 3]: print(x,) ... 1 2 3	# 遍历列表[1,2,3]并输出

例 3. 列表函数

代码	说明

>>> a=list('baidu')
>>> a
[ ]
>>> len(a)
5
>>> max(a)
'u'
>>> min(a)
'a'
	#list()将字符串转为列表
	
	#len()返回列表长度
	
	#max()返回列表中最大值
	
	#min()返回列表中最小值

例 4. 列表方法

代码	说明

>>> a=['b','a','i','d','u']
>>> a.append('i')
>>> a
['b','a','i','d','u','i']
>>> a.insert(4,'i')
>>> a
['b','a','i','d','i','u','i']
>>> a.count('i')
3
>>> a.index('i')
2
	
	#在列表最后添加一个元素 'i'
	
	#在第 4 索引位置添加元素 'i'
	
	#统计元素 'i' 的个数
	
	#显示元素 'i' 最初出现位置

2. 字典

字典(dictionary)是除列表之外，python 中最灵活的内置数据结构类型。列表是有序的对象结合，字典是无序的对象集合。两者之间的区别在于：列表是通过序号对其进行引用，字典当中的元素是通过键来存取的。每个键与值必须用冒号(:)隔开，每对用逗号(,)分割，整体放在花括号({})中。键必须独一无二，而值则不一定。如赋值两次，后面的值会被记录；值可以取任何数据类型，但必须是不可变的，如字符串，数或元组。

例 5. 访问字典里的值

```
##字典用键来检索
>>> dict = {'name':'Zara','age':7,'class':'First'}
>>> print('dict[name]:',dict['name'])
dict[name]:Zara
>>> print('dict[Alice]:',dict['Alice'])
#若用不存在的键查找会报错
>>> print('dict[Alice]:',dict.get('Alice'))
dict[Alice]: None
```

例 6. 修改字典与删除字典

向字典添加新内容的方法是增加新的键/值对，修改或删除已有键/值对如下操作：

```
>>> dict = {'name':'Zara','age':7,'class':'First'}
>>> dict['age']=27              #修改已有键的值
>>> dict['school']='yg'         #增加新的键/值对
>>> dict
{'name':'Zara','class':’First','age': 27,'school':'yg'}
```

##注意：字典不存在，del 字典会引发一个异常

```
>>> del dict['name']
>>> dict
{'class':'First','age': 7,'school':'yg'}
>>> dict.clear()
```

```
>>> dict
{}
>>> del dict
>>> dict.clear()
```

#clear 是清空，del 是删除，dict 已经删除，再清空会报错。

例 7.字典内置函数与方法

##内置函数

len(dict) 计算字典元素个数，即键的总数。

str(dict) 输出字典可打印的字符串表示。

type(variable) 返回输入的变量类型，如果变量是字典就返回字典类型。

##字典方法

dict.clear() 删除字典内所有元素。

dict.copy() 返回一个具有相同键/值对的新字典。

dict.fromkeys(seq[,value]) 创建一个新字典，以序列 seq 中元素做字典的键，val 为字典所有键对应的初始值。

dict.get(key, default=None)　返回指定键的值，key 代表字典中要查找的键，default 代表指定键的值不存在时返回默认值。

key in dict　如果键在字典 dict 中就返回 true，否则返回 false。

dict.items()以列表返回可遍历的(键, 值) 元组数组。

dict.keys()以列表返回一个字典所有的键。

dict.setdefault(key, default=None)和 get()类似, 但如果键不存在于字典中，将会添加键并将值设为 default。

dict.update(dict2)把字典 dict2 的键/值对更新到 dict 里。

dict.values()以列表返回字典中的所有值。

3.摩尔斯电码

摩尔斯电码（Morse code）也被称作摩斯密码，是一种时通时断的信号代码，通过不同的排列顺序来表达不同的英文字母、数字和标点符号。它发明于 1837 年，是一种早期的数字化通信形式。不同于现代化的数字通信，摩尔斯电码只使用“0”和“1”两种状态的二进制代码，它的代码包括 5 种：短促的点信号“·”，保持一定时间的长信号“—”，表示点和划之间的停顿、每个词之间中等的停顿，以及句子之间长的停顿。

其实有两种“符号”是用来表示字元的：那就是划和点，或是长和短，如图 6- 2，图 6- 3 所示，DAM 表示划，DIT 表示点。

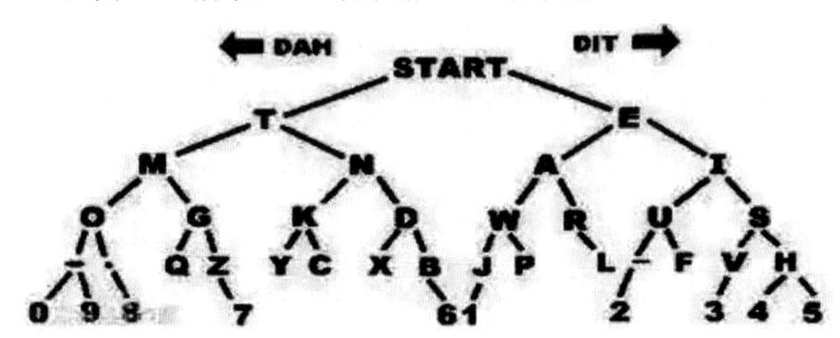

图 6-2 摩尔斯字符分布图

字符	电码符号	字符	电码符号	字符	电码符号
A	•—	N	—•	1	•— — — —
B	—•••	O	— — —	2	••— — —
C	—•—•	P	•— —•	3	•••— —
D	—••	Q	— —•—	4	••••—
E	•	R	•—•	5	•••••
F	••—•	S	•••	6	—••••
G	— —•	T	—	7	— —•••
H	••••	U	••—	8	— — —••
I	••	V	•••—	9	— — — —•
J	•— — —	W	•— —	0	— — — — —
K	—•—	X	—••—	?	••— —••
L	•—••	Y	—•— —	/	—••—•
M	— —	Z	— —••	( )	—•— —•—
				—	—••••—
				•	•—•—•—

图 6-3 摩尔斯电码表

辅助任务

1. 在 Python 中，字典的键可以是一个字符串，因此我们可以使用字典来统计一段文本中字符出现的频率；假设 test.txt 是一个只包含英文文本的文件，单词之间用空格或者“.”分隔，现有一程序可以帮助我们统计该文件中各单词出现的次数，示例如下：

```
test - 记事本
文件  编辑  查看

i love meat.
but what you like is vegetable.
i hate you.
bye bye.
```

test.txt 的内容

```
i 2
love 1
meat 1
but 1
what 1
you 2
like 1
is 1
vegetable 1
hate 1
bye 2
```

运行结果

请阅读下列代码，思考下面的问题：

```
def add_word(s):
    [                    ]

text=[]

word={}

f=open("test.txt",encoding="UTF-8") ##打开文件并读取文本

line=f.readline()

while line:

    text.append(line)                ##向列表添加元素

    line=f.readline()

f.close()                            ##读取完毕，关闭文件
```

```
for i in text:
    s=""
    for j in i:
        if j==" " or j==".":          #若 j 为空格或句点号
            add_word(s)
            s=""
        else:
            s+=j
for i in word:
    print(i,word[i])
```

（1）在统计单词出现频率的时候，用到了 add_word() 函数，你能根据程序功能补充框内的代码吗？

（2）不难看出，上面的程序对单词的统计是区分大小写的，请结合字典的相关知识想想原因，并思考：怎么修改代码能使程序在统计单词频率时不区分大小写。

2. 在 micro:bit 板上可以展示现成的 Image 图片，比如笑脸、哭脸等，图 6-4 的这块 micro:bit 板展示了爱心图案，显然，“无线电报机”不仅可以通过显示字符，也可以通过信号显示这些预设的图案。

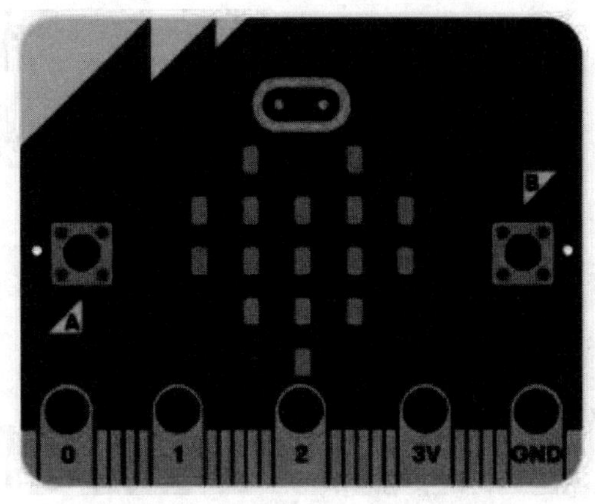

图 6-4 无线电报机预设图案

现在小明和小陈也希望通过 micro:bit 板做一个简易的无线电报机，小明负责发送端，小陈负责接受端。

要求：当发送端按下按钮 A 时，接收端显示“鸭子”图案，当发送端按下按钮 B 时，接收端显示“爱心”图案，当接收端同时按下 A 和 B 按钮时，接收端显示“笑脸”，每次发送信号后，发送端延时 2 秒后可再次发送信号。

现在小陈已经完成了接收程序，你能帮助小明完成发送程序吗？

发送程序：

```
from microbit import *
import radio
radio.on()
##请在框中补充代码，使其实现功能
```

接收程序：

```
from microbit import *  #write your program:
import radio
##将预设的图案与字符串一一对应
IMAGES = {'duck': Image.DUCK,
          'heart': Image.HEART,
          'happy': Image.HAPPY}
while True:
    code = radio.receive()
    if code!= None:
        display.show(IMAGES[code])
        sleep(2000)
        Displayer.clear()
```

【参考答案】

辅助任务

1.

（1）参考代码如下

```
if s not in word:
    word[s]=1
else:
    word[s]+=1
```

（2）字符组成相同，但大小写不同的两个单词，在字典以两个键存在，比如单词 you 和 You，因此它们对应的统计值也是不同的；修改代码时，可以在统计单词前通过 lower()方法将其全部转换为小写字符，同一个单词就不会以多个键的形式存在了。

2.参考代码如下

```
while True:
    if button_a.is_pressed() and button_b.is_pressed():
        radio.send('happy')
    elif button_a.is_pressed():
        radio.send('duck')
    elif button_b.is_pressed():
        radio.send('heart')
sleep(2000)
```

第7章　项目五 雷霆战机

实践项目说明

使用micro:bit主板的 LED 点阵屏制作了一个“雷霆战机”游戏，玩家可以使用 A 和 B 两个按钮操控 LED 点阵屏最下方的飞机（亮度最高的点）左右移动，躲避从上方落下的子弹，界面如图 7-1 所示。

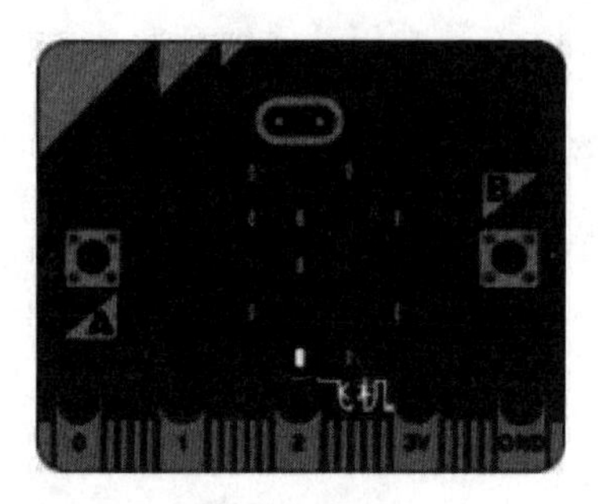

①初始状态

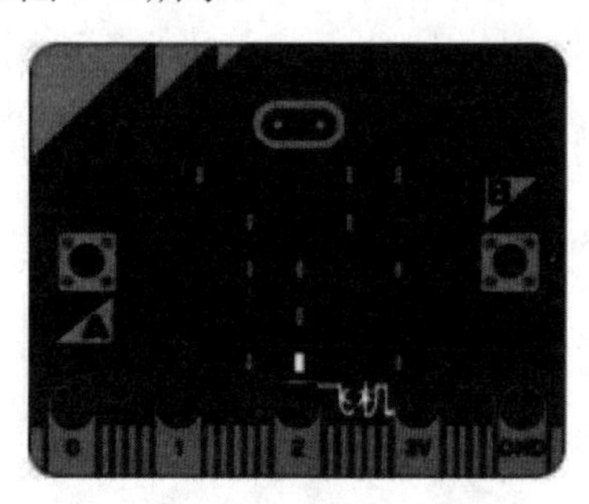

②子弹下落一层

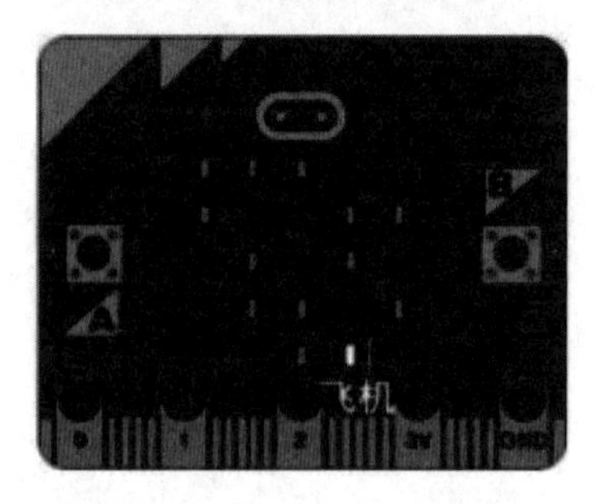

② 点击按钮 B 飞机右移

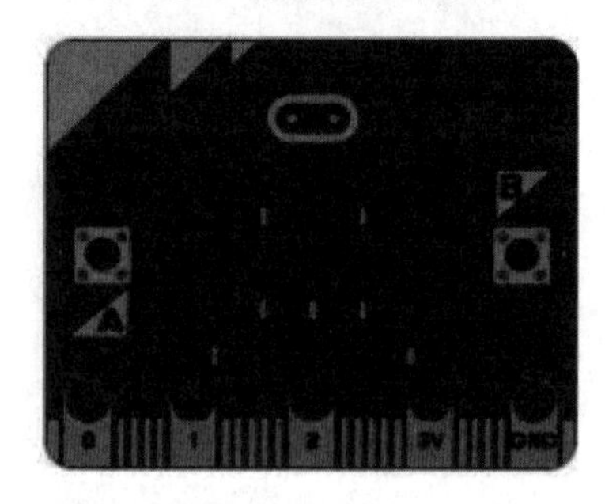

④飞机继续右移飞机撞到子弹游戏结束

图 7-1　“雷霆战机”游戏

项目目标

1. 使用随机模块随机生成数据；

2. 编写程序，由按钮控制 LED 点阵屏实现游戏功能；

3. 学习使用自定义函数，帮助程序执行。

项目器材

micro:bit 板一块、USB 线一条。

项目提示

1. 问题分析

游戏执行时，每隔 300 毫秒刷新一次 LED 点阵屏显示内容（飞机亮度为 9，子弹亮度为 5，其他位置亮度为 0）。实现以下操作。

（1）当前子弹整体下移一层，并在最上层随机生成新的子弹。

（2）响应 LED 点阵屏左右两侧的按钮点击，按下按钮 A 飞机左移 1 格，按下按钮 B 飞机右移 1 格，移动不能超过左右边界。

（3）判断飞机是否撞上子弹，若撞上则游戏结束，LED 点阵屏显示哭脸图案。

2. 算法及程序实现

（1）飞机或子弹生成

由于飞机或子弹的生成方式一致，问题中又有多次需要生成子弹，可以建立一个自定义函数实现在 LED 点阵屏的对应位置生成一个指定亮度的点。

代码说明：

def set_pix(m,n,k):
#def 建立自定义方法的关键字，set_pix 为方法名，括号中为参数，有三个参数分别表示：n 为坐标 x 轴位置（从 0 开始），m 为坐标 y 轴位置，k 为 LED 灯亮度
display.set_pixel(n,m,k)
#利用 display.set_pixel 方法设置 m、n 对应位置的 LED 灯，调整到 k 的亮度

子弹由 LED 点阵屏显示，飞机出现在第五行的中间；代码说明：

a=[[0 for i in range(5)] for j in range(5)]
#用二维数组表示 5*5 的 LED 点阵屏
x=4;y=2
#行数 x，列数为 y（均从 0 开始）

在最上面第一行随机生成一行子弹；当前子弹整体下移一层；代码说明：

for j in range(5): a[0][j]=rd.randint(0,1)
#a[0]表示第 0 行，即最上面第一行，循环变量 j 从 0 变到 4，a[0][j] 就是第 0 行的左起第 0 个到第 4 个，均赋值为随机整数。随机整数的生成使用 random 模块中的 randint 函数，该函数有两个参数，表示从[0,1]区间中随机生成一个整数。
for i in range(4,0,-1):

```
        for j in range(5):
            a[i][j]=a[i-1][j]
```

#子弹会每隔 300ms 向下移一层，故循环变量 i 表示行，循环变量 j 表示列，i 从 4 变到 3、变到 2、……、变到 0，所以 a[i][j]=a[i-1][j]，从下向上变化，每一行都为上一行的情况。

显示子弹，当 a 数组元素为 1 时，该位置 LED 灯亮，表示子弹存在，否则，该位置 LED 灯灭，表示该位置无子弹。代码说明：

```
    for i in range(5):
        for j in range(5):
            if a[i][j]==1:
                set_pix(i,j,5)
            else:
                set_pix(i,j,0)
```

#故循环变量 i 表示行，循环变量 j 表示列，当 a[i][j]为 1 时，调用自定义方法 set_pix，将第 i 行第 j 列的 LED 灯设为亮度为 5，否则将该 LED 灯设为灭，亮度为 0。

（2）按钮控制飞机

```
    if button_a.is_pressed() and y-1>=0:
        y=y-1
```

#A 按钮被点击且飞机能够左移，其中 y-1>=0 表示飞机能向左移一个位置时，飞机向左移一个位置，故 y=y-1

```
    elif button_b.is_pressed() and y+1<=4:
        y=y+1
```

#B A 按钮被点击且飞机能够右移，其中 y+1<=4 表示飞机能向右移一个位置时，飞机向右移一个位置，故 y=y+1

（3）判断飞机是否撞上子弹，撞上则游戏结束

```
while True:
    #前面代码略
    if a[x][y]==1:
        break
    else:
        set_pix(x,y,9)
    sleep(300)
display.show(Image.SAD) #
```

if a[x][y]==1 表示飞机撞上子弹，用 break 结束循环，结束循环后，游戏也结束，micro:bit 板显示“伤心”表情

#否则，调用 set_pix(x,y,9)，则在该位置显示飞机，飞机亮度为 9。

每次变化间隔 300 毫秒

3.完整代码

烧录到 micro:bit 主板中的 Python 程序如下：

```
from microbit import *
import random as rd
def set_pix(m,n,k):
```

```
    display.set_pixel(n,m,k)
a=[[0 for i in range(5)] for j in range(5)]
x=4;y=2
while True:
    for i in range(4,0,-1):
        for j in range(5):
            a[i][j]=a[i-1][j]
    for j in range(5):
        a[0][j]=rd.randint(0,1)
    for i in range(5):
        for j in range(5):
            if a[i][j]==1:
                set_pix(i,j,5)
            else:
                set_pix(i,j,0)
    if button_a.is_pressed() and y-1>=0:
        y=y-1
    elif button_b.is_pressed() and y+1<=4:
        y=y+1
    if a[x][y]==1:
        break
    else:
        set_pix(x,y,9)
    sleep(300)
display.show(Image.SAD)
```

相关知识

1.函数定义

将可能需要反复执行的代码封装为函数，并在需要该功能的地方进行调用，不仅可以实现代码复用，更重要的是可以保证代码的一致性，只需要修改该函数代码，则所有调用均受到影响。

函数定义语法：

```
def 函数名([参数列表]):
    '''注释'''
    函数体
```

注意事项

①函数形参不需要声明类型，也不需要指定函数返回值类型；

②即使该函数不需要接收任何参数，也必须保留一对空的圆括号；

③括号后面的冒号必不可少；

④函数体相对于def关键字必须保持一定的空格缩进；

⑤Python允许嵌套定义函数。

2.形参与实参

函数定义时括弧内为形参，一个函数可以没有形参，但是括弧必须要有，表示该函数不接受参数。函数调用时向其传递实参，将实参引用传递给形参。在定义函数时，对参数个数并没有限制，如果有多个形参，需要使用逗号进行分隔。

（1）对于绝大多数情况下，在函数内部直接修改形参的值不会影响实参，而是创建一个新变量，如：

```
def add1(a):
    print(id(a),':',a)
    a+=1
    print(id(a),':',a)
v=3
print(id(v))
```

```
#输出：
    1454664784              #v 变量的地址
```

```
add1(v)
```

```
#输出：
    1454664784 : 3          #修改前 a 的地址与 v 相同
    1454664816 : 4          #修改后 a 的地址与 v 不相同
```

```
print(v)
print(id(v))
```

```
#输出：
    3
    1454664784
    #在函数内部改变了 a 的地址，但 v 地址不变
```

（2）在有些情况下，可以通过特殊的方式在函数内部修改实参的值。

```
def m1(v):          #使用下标修改列表元素值
    v[0]=v[0]+1
```

```
a=[2]
m1(a)
print(a)
```

```
#输出：
[3]
```

```
def m2(v,i):    #使用列表的方法为列表增加元素
    v.append(i)
a=[2]
m2(a,3)
print(a)
```

```
#输出：
[2, 3]
```

也就是说，如果传递给函数的实参是可变序列，并且在函数内部使用下标或可变序列自身的方法增加、删除元素或修改元素时，实参也得到相应的修改。

```
a = {'name':'lao','age':40,'sex':'female'}
print(a)
```

```
#输出：
{'name': 'lao', 'age': 40, 'sex': 'female'}
```

```
def m3(d):
    d['age'] = 41
m3(a)
print(a)
```

```
#输出:
    {'name': 'lao', 'age': 41, 'sex': 'female'}
```

3. 参数传递的序列解包

传递参数时，可以通过在实参序列前加一个星号将其解包，然后传递给多个单变量形参。

```
def test(a, b, c):
    print(a+b+c)
lst = [1, 2, 3]
test(*lst)
```

```
#输出:
    6
```

```
tup = (5, 6, 7)
test(*tup)
```

```
#输出:
    18
```

```
dic = {1:'a', 2:'b', 3:'c'}
test(*dic)
test(*dic.values())
```

```
#输出:
    6
    abc
```

如果函数实参是字典，可以在前面加两个星号进行解包，等价于关键参数。

```
dic={1: 'a', 2: 'b', 3: 'c'}
test(**dic)
```

```
#输出：
TypeError: test() keywords must be strings
```

```
dic = {'a':1, 'b':2, 'c':3}
test(**dic)
```

```
#输出：
6
```

注意：调用函数时对实参序列使用一个星号*进行解包后的实参将会被当做普通位置参数对待，并且会在关键参数和使用两个星号**进行序列解包的参数之前进行处理。

```
def test(a, b, c):
    print(a, b, c)
test(*(1, 2, 3))      #调用，序列解包
test(1, *(2, 3))      #位置参数和序列解包同时使用
test(1, *(2,), 3)
```

```
#输出：
1 2 3
1 2 3
1 2 3
```

```
test(a=1, *(2,3))    #序列解包相当于位置参数，优先处理
```

#输出： Traceback (most recent call last): File "<pyshell#7>", line 1, in <module> test(a=1, *(2,3)) TypeError: test() got multiple values for argument 'a'
test(c=1, *(2,3))
#输出： 2 3 1
test(**{'a':1,'b':2},*(3,)) #序列解包不能在关键参数解包之后
#输出： SyntaxError: iterable argument unpacking follows keyword argument unpacking
test(*(3,),**{'c':1,'b':2})
#输出： 3 2 1

4. return 语句

return 语句用来从一个函数中返回一个值，同时结束函数。

对于以下情况，Python 将认为该函数以 return None 结束，返回空值：

函数没有 return 语句；

函数有 return 语句但是没有执行到；

函数有 return 但是没有返回任何值。

在调用函数或对象方法时，一定要注意有没有返回值，这决定了该函数或方法的用法。

```
L_a=[1,2,3,4,7,6,5]
print(sorted(L_a))
print(L_a)
```

```
#输出：
    [1, 2, 3, 4, 5, 6, 7]
    [1, 2, 3, 4, 7, 6, 5]
    #函数返回排序后的结果，列表本身不变
```

```
print(L_a.sort())
print(L_a)
```

```
#输出：
    None
    [1, 2, 3, 4, 5, 6, 7]
    #函数不返回结果，但将列表排序，列表本身发生改变
```

辅助任务

1.有关函数，你会用了吗？下面有几个小问题，来检验一下自己吧！

（1）建立函数 moon_weight（起始体重,每年增加的重量），使用 for 循环计算 15 年后的体重。

（2）请修改上面程序，使得函数中年份可更改。

（3）将上面程序改为从文件输入 3 个参数（起始体重、每年增加的数量、变化年份）。

2. 利用 Python 中的 random 模块与排序函数，生成一个由 10 个[0,30]范围内的自然数组成的升序序列，要求序列中数字不重复。

【参考答案】

辅助任务

1. 答案：

```
# (1)
    def moon_weight(a,b):
        for i in range(0,15):
            a=a+b
        return a
    print(moon_weight(30,0.25))
# (2)
    def moon_weight1(a,b,n):
        for i in range(n):
            a=a+b
        return a
    print(moon_weight1(90,0.25,5))


# (3)
    import sys
    def moon_weight2():
        print('weight:')
        a=float(sys.stdin.readline())
        print('add:')
        b=float(sys.stdin.readline())
```

```
    print('year:')
    n=int(sys.stdin.readline())
    for i in range(n,2):
        a=a+b
```

2. 答案：

```
import random
li=[0]*10
f=[False]*31
for i in range(0,10):
    x=random.randint(0,30)    #产生随机数
    if not f[x]:
        li[i]=x
        f[x]=True
print(sorted(li))
```

或：

```
import random
li=[0]*10
f=[False]*31
for i in range(0,10):
    x=random.randint(0,30)    #产生随机数
    if not f[x]:
        li[i]=x
        f[x]=True
```

```
li.sort()
print(li)
```

第 8 章　项目六 老人跌倒监测仪

实践项目说明

跌倒是我国伤害死亡的第四位原因，其中 65 岁以上的老年人占比较高，老年人跌倒死亡率随年龄的增加急剧上升，所以本项目将设计一款老人跌倒监测仪，通过仪器帮助老人跌倒时发出警报。

项目目标

①学习加速度传感器相关知识；

②编写程序，对老人状态进行监测；

③学习使用模块，帮助程序运行。

项目器材

micro:bit 板二块、USB 线二条、LED 灯一个。

项目提示

1. 加速度计

在 micro:bit 带有一块 NXP/Freescale MMA8652 芯片，其是一个可用于

测量加速度的三轴加速度计，见下图 8-1 中的 3。

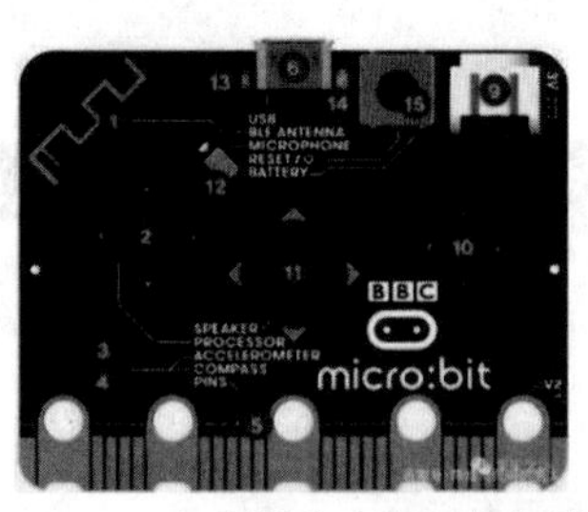

图 8-1 micro:bit 板中的加速度传感器

读取加速度：加速度计可以沿 3 个轴方向测量加速度或运动，如图 8-2 所示，其中包括水平面中的 x 轴、y 轴，以及垂直平面中的 z 轴。在 z 轴被测量的加速度和运动是相对于自由落体运动（重力加速度）的，使用 micro:bit 的加速度计，可以得到以 mG（ milli G）为单位的加速度值。注意，1000mG=1G。

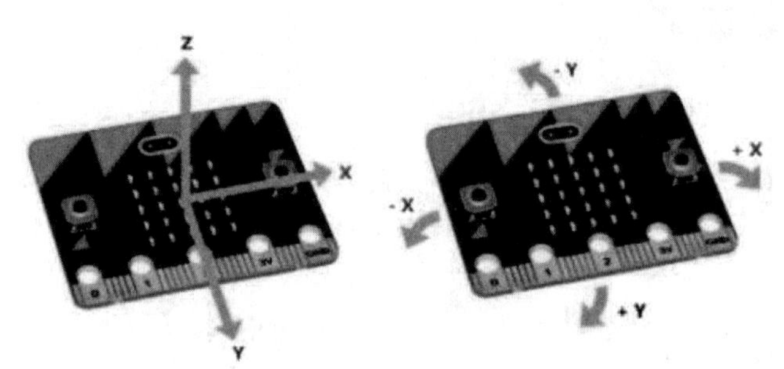

图 8-2 加速度传感器方向

当将 micro:bit 放置在地球表面时，它可以测量出地球引力作用下的加速度，$g \approx 9.81 m/s^2$。micro:bit 加速度计可以测量在+2g和-2g之间的加速度。这个范围可满足广泛的应用需要。

可用代码获取沿 3 个轴方向移动以 mG 为单位的加速度值。代码说明：

```
from microbit import *
while True:
```

```
    x=accelerometer.get_x()
    y=accelerometer.get_y()
    z=accelerometer.get_z()
    print("x,y,z:",x,y,z)
    sleep(500)
```

程序运行截图

你可以看到 x 轴和 y 轴方向的加速度值接近于 0 mG，而 z 轴方向的加速度值则接近 1024 mG。如果沿 x 轴缓慢倾斜 micro:bit 板，可以将 x 轴方向的加速度值改变为接近 0 mG。值为 0 mG 表示 micro:bit 板处于水平位置。类似的技术被应用在电子水平仪上，用 x 轴和 y 轴来检测水平面。

使用 accelerometer.get_values()函数也可以获得相同的结果，以整数的三元组形式输出 x、y 和 z 轴的加速度值。

2.简单水平仪

水平仪、气泡水平仪或简单水平仪是一种仪器，用于确定一个表面是否是沿 x 轴方向水平的。木匠、石匠、瓦工、钳工、测量员、摄影师等，都需要在工作中使用不同类型的水平仪。

可编写简单的代码实现水平仪功能。代码说明：

```
from microbit import *
while True:
    val=accelerometer.get_x()
    if val>0:
        display.show(Image.ARROW_W)
```

```
        elif val<0:
            display.show(Image.ARROW_E)
        else:
            display.show(Image.YES)
```

#上面代码在检测到 micro:bit 板处于水平状态时，LED 点阵屏显示 YES 图案，否则，LED 点阵屏显示向左箭头或向右箭头，可根据提示调整 micro:bit 板，最终达到水平状态。

3.整体加速度

可以使用勾股定理计算整体加速度，如下式所示。该公式使用沿 x 和 y 轴两个方向的加速度来计算整体加速度。

整体加速度=$\sqrt{x^2+y^2}$

如果需要，也可以计算沿 x、y 和 z 轴三个方向的整体加速度。

整体加速度=$\sqrt{x^2+y^2+z^2}$

可用代码通过所有三个轴方向的加速度值来计算整体加速度,其值以 mG 为单位。代码说明：

```
from microbit import *
import math
```

#导入数学模块

```
while True :
    x=accelerometer.get_x()
    y=accelerometer.get_y()
    z=accelerometer.get_z()
```

```
#获取三轴方向的加速度
    acceleration = math.sqrt(x**2+y**2+z**2)
#使用 math 模块中的 sqrt()函数对三轴平方和求算术平方根
    print("acceleration",acceleration)
    sleep(500)
```

4. 姿态检测

micro:bit 板的内置加速度计还可以基于 micro:bit 的姿态或运动创建交互式应用程序。micro:bit 板可以识别以下姿态。可以通过手持 micro:bit 来做这些姿态，各个中文姿态后的英文名称为程序中有效的状态名称。

- 向上 up
- 向下 down
- 向左 left
- 向右 right
- 面朝上 face up
- 面朝下 face down
- 自由落体 freefall
- 振动 shake

可以通过代码检测“面朝上”（face up）的姿态。代码说明：

```
from microbit import *
while True:
    gesture=accelerometer.current_gesture()
#获取加速度传感器当前姿态
    if gesture=="face up":
        display.show(Image.HAPPY)
    else:
        display.show(Image.ANGRY)
#若得到姿态为 face up ，就会在 LED 点阵屏上显示笑脸，否则将显示
```

一个生气的图案。

可以通过代码检测是否震动过，即“振动”（shake）的姿态。

代码说明(带颜色底纹的是源代码)：

```
from microbit import *
while True:
    display.show('8')
```

#LED 点阵屏常规显示 8

```
    if accelerometer.was_gesture('shake') :
        display.clear()
        sleep(1000)
        display.scroll("shake")
    sleep(10)
```

#若得到姿态为 shake ，就会清空 LED 点阵屏 1 秒。

5.老人跌倒监测仪

若老人跌倒，则整体加速度大于峰值或得到姿态为“振动”，则点亮 LED 灯。

```
from microbit import *
import math
```

#导入数学模块

```
while True :
    x=accelerometer.get_x()
    y=accelerometer.get_y()
    z=accelerometer.get_z()
```

```
#获取三轴方向的加速度
    acceleration = math.sqrt(x**2+y**2+z**2)
    maxz = 300
#判断老人情况，若跌倒则亮灯(LED 灯接在 pin8 口上，若设为 1 则亮灯
    if accelerometer.was_gesture('shake') or acceleration < maxz:
        pin8.write_digital(1)
    sleep(500)
```

相关知识

1. random 模块

要使用 random 模块函数必须先导入：

表 8-1 import random

函数名	描述
random.random()	返回[0,1)范围内的随机实数
random.uniform(a,b)	返回[a,b]范围内的随机实数
random.randint(a,b)	返回[a,b]范围内的随机整数
random.choice(seq)	从序列 seq 中返回随机的一个元素
random.sample(seq,k)	从序列 seq 中随机挑选一个元素
random.shuffle(seq, n)	将序列的所有元素随机排序

2. Python math 模块

Python math 模块提供了许多对浮点数的数学运算函数。

math 模块下的函数，返回值均为浮点数，除非另有明确说明。

表 8-2 Python math

函数名	描述
math.acos(x)	返回 x 的反余弦，结果范围在 0 到 pi 之间
math.acosh(x)	返回 x 的反双曲余弦值
math.asin(x)	返回 x 的反正弦值，结果范围在-pi/2 到 pi/2 之间
math.asinh(x)	返回 x 的反双曲正弦值
math.atan(x)	返回 x 的反正切值，结果范围在-pi/2 到 pi/2 之间
math.atan2(y, x)	返回给定的 X 及 Y 坐标值的反正切值，结果是在-pi 和 pi 之间
math.atanh(x)	返回 x 的反双曲正切值
math.ceil(x)	将 x 向上舍入到最接近的整数
math.comb(n, k)	返回不重复且无顺序地从 n 项中选择 k 项的方式总数
math.copysign(x,y)	返回一个基于 x 的绝对值和 y 的符号的浮点数
math.cos()	返回 x 弧度的余弦值
math.cosh(x)	返回 x 的双曲余弦值
math.degrees(x)	将角度 x 从弧度转换为度数
math.dist(p, q)	返回 p 与 q 两点之间的欧几里得距离，以一个坐标序列（或可迭代对象）的形式给出。两个点必须具有相同的维度
math.erf(x)	返回一个数的误差函数
math.erfc(x)	返回 x 处的互补误差函数

math.exp(x)	返回 e 的 x 次幂，Ex，其中 e=2.718281...是自然对数的基数
math.expm1()	函数返回 E^x-1,其中 x 是该函数的参数，E 是自然对数的底数 2.718281828459045。这通常比 math.e**x 或 pow(math.e, x)更精确
math.fabs(x)	返回 x 的绝对值
math.factorial(x)	返回 x 的阶乘。如果 x 不是整数或为负数时则将引发 ValueError
math.floor()	将数字向下舍入到最接近的整数
math.fmod(x, y)	返回 x/y 的余数
math.frexp(x)	以(m, e)对的形式返回 x 的尾数和指数。m 是一个浮点数，e 是一个整数，正好是 x==m*2**e。如果 x 为零，则返回(0.0,0)，否则返回 0.5<=abs(m)<1
math.fsum(iterable)	返回可迭代对象(元组,数组,列表,等)中的元素总和，是浮点值
math.gamma(x)	返回 x 处的伽马函数值
math.gcd()	返回给定的整数参数的最大公约数
math.hypot()	返回欧几里得范数，sqrt(sum(x**2forxincoordinates))。这是从原点到坐标给定点的向量长度。
math.isclose(a,b)	检查两个值是否彼此接近，若 a 和 b 的值比较接近则返回 True，否则返回 False
math.isfinite(x)	判断 x 是否有限，如果 x 既不是无穷大也不是 NaN,

	则返回 True，否则返回 False
math.isinf(x)	判断 x 是否是无穷大，如果 x 是正或负无穷大，则返回 True，否则返回 False
math.isnan()	判断数字是否为 NaN，如果 x 是 NaN（不是数字），则返回 True，否则返回 False
math.isqrt()	将平方根数向下舍入到最接近的整数
math.ldexp(x, i)	返回 x*(2**i)。这基本上是函数 math.frexp()的反函数
math.lgamma()	返回伽玛函数在 x 绝对值的自然对数
math.log(x[, base])	使用一个参数，返回 x 的自然对数（底为 e）
math.log10(x)	返回 x 底为 10 的对数
math.log1p(x)	返回 1+x 的自然对数（以 e 为底）
math.log2(x)	返回 x 以 2 为底的对数
math.perm(n,k=None)	返回不重复且有顺序地从 n 项中选择 k 项的方式总数
math.pow(x, y)	将返回 x 的 y 次幂
math.prod(iterable)	计算可迭代对象中所有元素的积
math.radians(x)	将角度 x 从度数转换为弧度
math.remainder(x,y)	返回 IEEE754 风格的 x 除以 y 的余数
math.sin(x)	返回 x 弧度的正弦值
math.sinh(x)	返回 x 的双曲正弦值
math.sqrt(x)	返回 x 的平方根
math.tan(x)	返回 x 弧度的正切值

math.tanh(x)	返回 x 的双曲正切值
math.trunc(x)	返回 x 截断整数的部分，即返回整数部分，删除小数部分

要使用 math 函数必须先导入：

```
import math
```

辅助任务

为了游戏公平，小王同学利用 micro:bit 板制作“石头剪刀布”游戏的显示器，每次摇动 micro:bit 板，LED 指示灯显示“石头”、“剪刀”、“布”的形状。具体设想如下：

1. 电脑随机产生[0,2]之间的整数；

2. 通过重力加速度传感器，当摇动时根据随机数字，在 LED 上显示石头剪刀布的图案。

请将以下代码填充完整，并调试

```
from microbit import *
import random
def shape(num):
    if num==0:
        dp=Image('99999:90009:90009:90009:99999')
#显示图案，每个数字代表一个 LED 灯，数值大小代表亮度
    elif num==1:
        dp=Image('00000:09990:09990:09990:00000')
    else:
```

```
        dp=Image('09090:09090:00900:00900:00900')
    return dp


while True:
    n=_______________________ #随机产生[0，2]之间的整数
    if accelerometer.was_gesture('shake') :
        display.show(__________)  #显示对应形状
        sleep(500)
```

【参考答案】

辅助任务

```
while True:
    n=random.randint(0,2)
    if accelerometer.was_gesture('shake') :
        display.show(shape(n)   )
        sleep(500)
```

第9章　总项目
室内光线实时监测系统

实践项目说明

室内光线太亮或太暗都不利于同学们学习，需要有一款室内光线实时监测系统，能够实时监测室内光线情况，并及时做出相应预警。

项目目标

1. 了解搭建信息系统的前期准备；
2. 搭建信息系统；
3. 完善信息系统。

项目提示

表 9-1 搭建信息系统的前期准备

准备	需求分析	目标期待、功能需求、性能需求、资源环境需求、用户界面需求、可扩展性需求
	可行性分析	必要性
		可行性

续前表

<table>
<tr><td rowspan="6"></td><td colspan="2">开发模式选择：C/S 或 B/S</td></tr>
<tr><td rowspan="3">概要设计</td><td>模块结构设计</td></tr>
<tr><td>系统物理配置</td></tr>
<tr><td>数据库管理系统选择</td></tr>
<tr><td>详细设计</td><td>输入设计、输出设计、人机界面设计、数据库设计、代码设计、安全设计</td></tr>
<tr style="display:none"></tr>
<tr><td rowspan="2">搭建</td><td>硬件搭建</td><td>服务器、网络设备、传感设备、智能终端选择及搭建</td></tr>
<tr><td>软件开发</td><td>数据管理设计、程序编写</td></tr>
<tr><td rowspan="2">完善</td><td>系统测试</td><td>软件测试、硬件测试、网络测试</td></tr>
<tr><td>文档编写</td><td>可行性研究报告、系统分析说明书、系统设计说明书、程序设计报告、系统测试报告、系统使用和维护手册、系统评价报告</td></tr>
</table>

分支活动一：前期准备

1. 需求分析

表 9-2 需求分析

信息系统名称：室内光线实时监测系统	
系统目标 （要解决的问题）	通过信息系统的搭建，实时监测室内光线并进行及时干预
功能需求 （要实现的功能）	1. 实时监测室内的光线数据，将获取到的数据通过服务器上传到数据库 2. 通过访问客户端浏览器查看相关光线数据 3. 对监测系统进行设置，设置光线临界值，超过限定值时将打开 LED 灯
资源和环境需求 （需要的硬件设备和软件平台）	硬件：micro:bit 板、USB 线、扩展板、光线传感器，wifi 模块，LED 灯
	软件：Python Flask 框架、Sqlite 数据库

2. 可行性分析

表 9-3 可行性分析

项　目	具体分析
系统运行角度	使用者能较熟练地掌握计算机的基本使用方法和操作技能，对各种传感器的功能有一定了解
技术角度	1. 选择先进的开发工具和开发平台。服务器开发平台：Windows 系统；软件开发工具：Python IDLE、BXY 2. 系统采用模块化结构和规范化的代码结构，使得系统具有通用性、可扩充性以及良好的可维护性。现有人员具有一定的软件设计与开发能力，具备搭建系统的基本条件

续前表

经济角度	投资预算主要包括购买硬件和开发软件的费用。硬件由终端设备___和服务器___等组成。购置各种终端设备：传感器、执行器、通信模块、扩展板等。服务器完全可用自己的 PC 机替代，无须购置。软件则由使用者自主编写，无须购买
社会意义	如果系统运行良好，可实时监测教室内的光线变化，自动控制和改善教室内的光线

3. 功能设计

（1）开发模式选择： ☐ C/S　　☑ B/S

B/S 模式结构见图 9-1

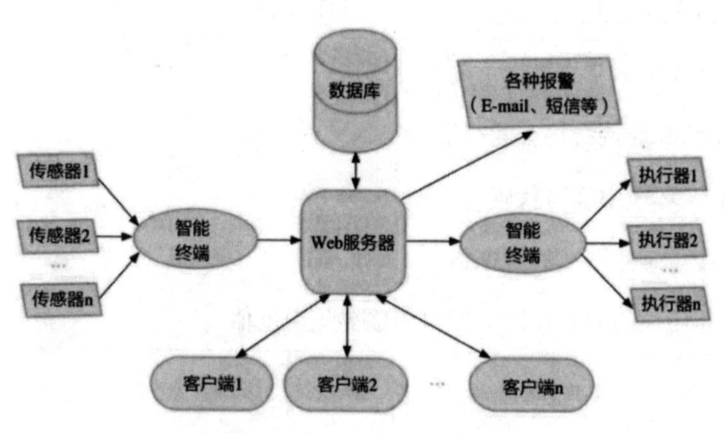

图 9-1　B/S 模式结构图

（2）模块设计

表 9-4 模块设计

模块名称	实现的功能描述
室内光线采集	利用光线传感器___采集教室内的光线数据
数据传输	将采集的数据利用 IoT（物联网）模块进行传输

续前表

数据存储	在 Web 服务器端将传输的数据存储到数据库中
数据读取与显示	在 Web 服务器端读取存储数据，并在 Web 页面中显示
控制受控对象	让受控对象执行结果

（3）数据存储方式选择：

☐ 文件	☑ 数据库	☐ 云存储

4. 详细设计：分模块具体实施步骤

模块：室内光线采集	具体实施步骤
（1） 将光线传感器与智能终端进行连接 （2）利用 USB 连接线将智能终端与电脑进行连接 （3）在 BXY 环境中编写代码 ①读取光线传感器端口的模拟值 ②利用智能终端的 LED 点阵屏或串口输出该温度值	

分支活动二：数据管理设计

1. 数据库基本表

表 9-5 数据库基本表

表名称	字段名	数据类型	作用
sensorlist	sensorid	integer，自动编号	传感器唯一编号，主键
	sensorname	text	传感器名称
	maxvalue	integer	传感器报警最大值
	minvalue	integer	传感器报警最小值
sensorlog	logid	integer，自动编号	记录编号，主键
	sensorid	integer	传感器编号
	ip	text	上传设备 ip
	sensorvalue	float	传感器值
	updatetime	time	上传时间

2. SQLite 数据库基本操作

```
    #sqlite.py 将生成 data.db 文件，可将 data.db 文件存放于同目录下的
data 文件夹中
import sqlite3
conn=sqlite3.connect('data/data.db')        #连接数据库(若不存在则创建)
cursor=conn.cursor()                        #创建游标

    #创建表 sensorlist
```

```
sql='create table sensorlist(sensorid integer PRIMARY KEY
autoincrement, sensorname varchar, maxvalue integer, minvalue integer)'
cursor.execute(sql)

    #插入多条记录
a=['1, \'温度\',28,20','2,\'湿度\',80,20','3,\'光线\',1000, 200']
for i in a:
    sql='insert into
sensorlist(sensorid, sensorname, maxvalue, minvalue) values('+i+')'
    cursor.execute(sql)
conn.commit()          #每次更改都需要进行提交

cursor=conn.cursor()
    #创建表 sensorlog
sql='create table sensorlog(logid integer PRIMARY KEY
autoincrement, sensorid int, ip text, sensorvalue float, updatetime
time)'
cursor.execute(sql)
conn.commit()

cursor.close()         #关闭游标
conn.close()           #关闭连接
```

分支活动三：网络应用软件开发初步

活动目标

1. 了解网络应用软件架构；

2. 编写简单网络应用程序；

3. 调用网页模板。

活动提示：

1. 网络应用软件的实现架构

（1）C/S

客户端/服务器架构：客户端主要完成用户的具体业务，如人机交互、数据的输入与输出等；服务器端则主要提供数据管理、数据共享、系统维护和并发控制等。（见图 9-2）

缺点：客户端软件须安装才能使用，给应用程序的升级和维护带来一定的困难。

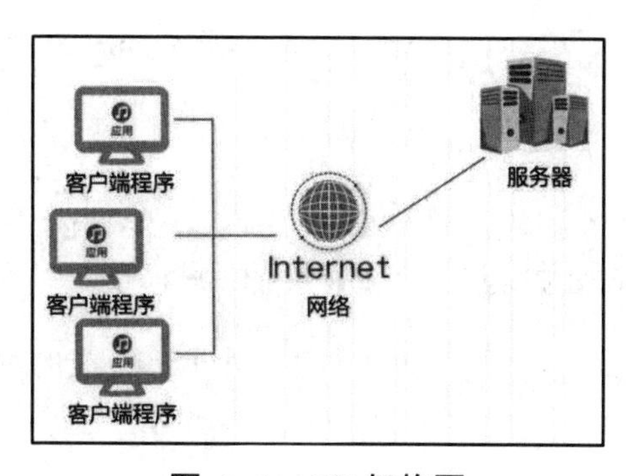

图 9-2 C/S 架构图

（2）B/S

浏览器/服务器架构：用户工作界面通过浏览器来实现，应用程序基本上都集中于服务器端。（见图 9-3）

优点：应用程序的升级和维护都可以在服务器端完成，升级和维护都较方便，极大地降低了成本和工作量。

缺点：服务器的负荷较重，对服务器的要求较高。

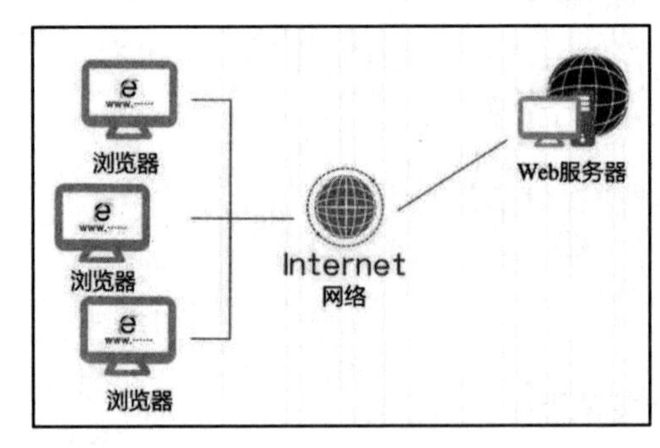

图 9-3 B/S 架构图

2.编写网络应用程序

（1）使用 Flask Web 框架编写网络应用流程（见图 9-4）

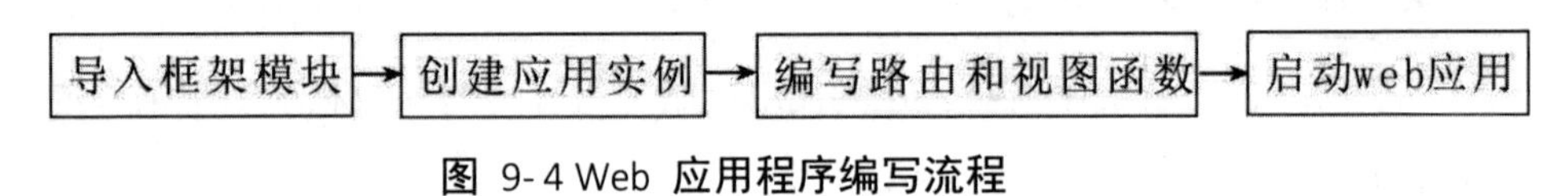

图 9-4 Web 应用程序编写流程

（2）编写代码

```
#server.py
from flask import Flask          #导入 Flask 模块
app=Flask(__name__)              #创建一个 Flask 类的对象

@app.route('/')                  #设备路由
def index():                     #视图函数，即路由地址网页内容
    return '你想写什么，自由发挥一下'
if __name__=='__main__':
```

```
app.run(host="127.0.0.1",port=8080,debug=True)
```

#服务器网址　　端口　　开启调试模式，即时更新

3.调试发布

(1)运行*.py 程序；

(2)浏览器登录网址 http://127.0.0.1:8080；

(3)运行 ip.bat 文件，查看本机 IP，修改代码 host="127.0.0.1",port=8080；

(4)用局域网内的其他电脑或手机设备登录该网址。

4.拓展活动

（1）编写代码

#本机地址，显示网页模板

```
#server.py
from flask import Flask,render_template
app=Flask(__name__)
@app.route('/')
def index():
    return render_template('user.html')
if __name__=='__main__':
    app.run(host="192.168.31.166",port=80,debug=True)
```

（2）建立 templates 文件夹

建立 templates 文件夹，其中放入网页模板文件 user.html

#user.html

```
<body>
```

```
        <h1>Hello,{{name|title}}!</h1>
    </body>
```

（3）修改代码 1

```
#修改路由，使浏览器输入本机地址+名称，显示网页模板 user.html+名称
    @app.route('/<canshu>/')
    def hanshuming(canshu):
        return render_template('user.html',name=canshu)
```

（4）修改代码 2：串口通信

```
bxy2.py      #micro:bit 板 2 程序，获取光线数据并串口输出
    from microbit import *
    #write your program:
    while True:
        print(pin0.read_analog())
        sleep(200)
```

```
server4.py  #串口获取数据，网页 user1.html 刷新显示光线值
    #server.py
    from flask import Flask,render_template
    app=Flask(__name__)
    @app.route('/')
    def index():
        import serial
```

```
        ser=serial.Serial()
        ser.baudrate=115200
        ser.port='COM5'
        ser.open()
        x=ser.readline()
        a=x.strip().decode()
        return render_template('user1.html',name=a)
    if __name__=='__main__':
        app.run(host="192.168.31.166",port=80,debug=True)
```


python.py

#获取服务器的光线数据，根据光线值亮暗实现串口输出 K 或 G

```
    import requests,time,re
    import serial
    ser1=serial.Serial()
    ser1.baudrate=115200
    ser1.port='COM5'
    ser1.open()
    url = 'http://192.168.31.166:80/'
    while True:
        time.sleep(5)
        res = requests.get(url)
        a=res.text
        gx=re.findall('<h1>(.*.?)</h1>',a)
```

```
        gx=gx[0].split('：')[1]
        print(gx)
        if int(gx)<200:
            ser1.write('K'.encode())
        else:
            ser1.write('G'.encode())
```

bxy1.py

#micro:bit板1程序，输入K时开LED灯，输入G时关LED灯

```
    from microbit import *
    #write your program:
    while True:
        if uart.any():
            incoming=str(uart.readall(),'UTF-8')
            incoming=incoming.strip('\n')
            if incoming=='K':
                pin8.write_digital(1)
                print("开")
            elif incoming=='G':
                pin8.write_digital(0)
                print("关")
```

（5）体验聊天机器人

cmd命令提示符下对应地址下：python webrobot.py runserver 。运行

webrobot.py 服务器程序，让学生浏览对应网站。最后让学生观察服务器的信息，注意网络安全问题。

request 对象是从客户端向服务器发出请求，包括用户提交的信息以及客户端的一些信息。客户端可通过 HTML 表单或在网页地址后面提供参数的方法提交数据，然后通过 request 对象的相关方法来获取这些数据。request 请求总体分为两类：

get 请求：GET 把参数包含在 URL 中，访问时会在地址栏直接显示参数，数据传输不安全，且一般只能传递少数参数。

post 请求：参数通过 request body 传递。

分支活动四：编写系统程序

①服务器端程序

```
#webserver.py
import json
import sqlite3
import datetime
from flask import Flask,render_template,request
DATABASE='data/data.db'

app=Flask(__name__)
@app.route('/')
def helle():
    db=sqlite3.connect(DATABASE)
    cur=db.cursor()
    cur.execute('SELECT * FROM sensorlog WHERE sensorid=3')
    data=cur.fetchall()
    temp1=data[len(data)-1]
    temp=temp1[3]
    cur.execute('select * from sensorlist')
    s=cur.fetchall()
    s=s[2][1][:2]
    cur.close()
    db.close()
```

```
    return render_template('vews.html',data=data,temp=temp,s=s)

#Adding data
@app.route('/input',methods=['POST','GET'])
def add_data():
    if request.method=='POST':  #POST 方法
        jsonval=json.loads(request.data)
        sensorid=jsonval['id']    #获取 jsonval 中的'id'的值
        ip=jsonval['ip']          #获取 jsonval 中的'ip'的值
        sensorvalue=jsonval['val']  #获取 jsonval 中的'val'的值
    else:                         #GET 方法
        sensorid=int(request.args.get('id'))
        ip=int(request.args.get('ip'))
        sensorvalue=float(request.args.get('val'))
    nowtime=datetime.datetime.now()
    nowtime=nowtime.strftime('%Y-%m-%d %H:%M:%S')
    db=sqlite3.connect(DATABASE)
    cur=db.cursor()
    cur.execute("INSERT INTO
sensorlog(sensorid,ip,sensorvalue,updatetime)
VALUES(%d,'%s',%f,'%s')" %(sensorid,ip,sensorvalue,nowtime))
    db.commit()
    cur.execute('SELECT * FROM sensorlist where sensorid=%d' %
sensorid)
```

```
    rv=cur.fetchall()
    cur.close()
    db.close()
    maxrv=rv[0][2]
    minrv=rv[0][3]
    if sensorvalue>maxrv or sensorvalue<minrv:
        return '0'
    else:
        return '1'

if __name__=='__main__':          #服务器地址和端口
    app.run(host='192.168.153.25',port=8080,debug=True)
```

②Web模板文件代码

```
#vews.html，可存放于同目录下的templates文件夹中
<!doctype html>
<body><meta http-equiv="refresh"content="60"></body>
<style>
#center{MARGIN-RIGHT:auto;MARGIN-LEFT:auto;background:#eff7ff;width:600px;height:500px;vertical-align:left;overflow-y:scroll;overflow-x:scroll}
</style>
<title>室内{{s}}实时监测系统</title>
<h1 align:="center'">室内{{s}}实时监测系统</h1>
```

```
<h2 align="center'">当前室内{{s}}：{{temp}}</h2>
<h2 align:="center'"><a href="/">刷新</a>历史数据列表：</h2>
<div id="center"style="border:2px solid #96c2f1">
     IP  {{s}}  记录时间<br>
  {% for i in data[::-1]%}
     {{i[2]}}  {{i[3]}}  {{i[4]}}<br>
  {% endfor %}
</div>
```

③智能终端程序

```
#bxy.py
from microbit import *
#write your program:
import Obloq
IP="192.168.153.25"
PORT="8080"
SSID='xxxx'
PASSWORD='12345678'

uart.init(baudrate=9600,bits=8,parity=None,stop=1,tx=pin1,rx=pin2)
while Obloq.connectWifi(SSID,PASSWORD,10000)!=True:
    display.show('+')

display.scroll(Obloq.ifconfig())
```

```
Obloq.httpConfig(IP,PORT)


while True:
    light=pin0.read_analog()
    errno,resp=Obloq.get('input?id=3&ip=25&val='+str(light),10000)
    sleep(5000)
    #id 号对应 sensorid，决定向服务器传输何种传感器的数据
    errno,resp=Obloq.post("input","{\"id\":3,\"ip\":25,\"val\":"+s
tr(light)+"}",10000)
    if errno==200:
        display.show(str(resp))
        if resp=='0':
            pin8.write_digital(1)
        else:
            pin8.write_digital(0)
    else:
        display.show(str(errno))
    sleep(2000)
```

扩展活动：

使用两块 micro:bit 板，板 1 连接光线传感器，板 2 连接 LED 灯，通过板 1 向服务器传输光线数据，由板 2 获取服务器数据控制 LED 灯。现在修改服务器端程序与智能终端程序。

①服务器端程序

```
import json
import sqlite3
import datetime
from flask import Flask,render_template,request
DATABASE='data/data.db'

app=Flask(__name__)
@app.route('/')
def helle():
#代码略

@app.route('/info',methods=['GET'])
def getinfo():
    sensorid=int(request.args.get('id'))
    db=sqlite3.connect(DATABASE)
    cur=db.cursor()
    cur.execute('SELECT * FROM sensorlog WHERE sensorid=3')
    data=cur.fetchall()
    temp1=data[len(data)-1]
    temp=temp1[3]
    cur.execute('SELECT * FROM sensorlist where sensorid=%d' %
sensorid)
    rv=cur.fetchall()
    cur.close()
```

```
    db.close()
    maxrv=rv[0][2]
    minrv=rv[0][3]
    if temp>maxrv or temp<minrv:
        return '0'
    else:
        return '1'

#Adding data
@app.route('/input',methods=['POST','GET'])
def add_data():
    if request.method=='POST':  #POST 方法
        jsonval=json.loads(request.data)
        sensorid=jsonval['id']    #获取 jsonval 中的'id'的值
        ip=jsonval['ip']          #获取 jsonval 中的'ip'的值
        sensorvalue=jsonval['val'] #获取 jsonval 中的'val'的值
    else:                         #GET 方法
        sensorid=int(request.args.get('id'))
        ip=int(request.args.get('ip'))
        sensorvalue=float(request.args.get('val'))
    nowtime=datetime.datetime.now()
    nowtime=nowtime.strftime('%Y-%m-%d %H:%M:%S')
    db=sqlite3.connect(DATABASE)
    cur=db.cursor()
```

```
    cur.execute("INSERT INTO
sensorlog(sensorid, ip, sensorvalue, updatetime)
VALUES(%d,'%s',%f,'%s')" %(sensorid, ip, sensorvalue, nowtime))
    db.commit()
    cur.close()
    db.close()
    return '0'

if __name__=='__main__':          #服务器地址和端口
    app.run(host='192.168.31.166',port=8080, debug=True)
```

③智能终端程序

```
#板 1 程序
#IOT 模块连接代码略
while True:
    light=pin0.read_analog()
    errno, resp=Obloq.get('input?id=3&ip=25&val='+str(light),10000)
    sleep(5000)

errno, resp=Obloq.post("input","{\"id\":3, \"ip\":25, \"val\":"+str(l
ight)
        +"}", 10000)
    if errno==200:
        display.show(str(resp))
    else:
```

```
        display.show(str(errno))
    sleep(2000)

#板 2 程序：只连 LED 灯
#IOT 模块连接代码略
while True:
    light=pin0.read_analog()
    errno,resp=Obloq.get('info?id=3',10000)
    sleep(5000)
    if errno==200:
        display.show(str(resp))
        if resp=='0':
            pin8.write_digital(1)
        else:
            pin8.write_digital(0)
    else:
        display.show(str(errno))
    sleep(2000)
```

分支活动五：硬件搭建

硬件连接见图 9-5

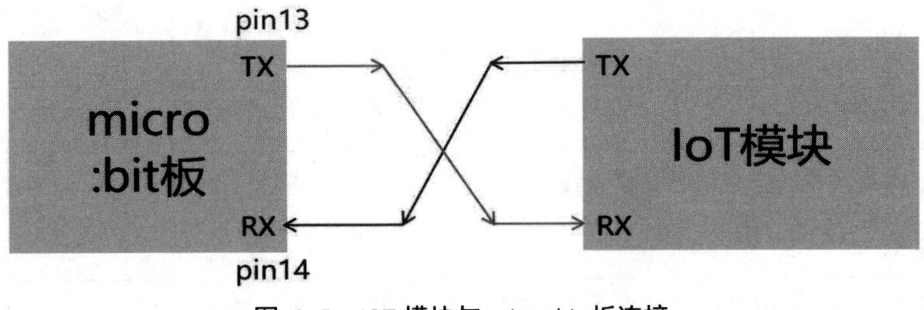

图 9-5 IOT 模块与 micro:bit 板连接

（1）运行 ip.bat 文件，记录自己网卡地址第四段数值；

（2）修改好 bxy 程序中的 pin1 和 pin2 接口，get 请求部分代码，烧录 bxy 程序；

（3）登录浏览器，查看教师机服务器显示数据；

（4）连接硬件：micro:bit 板 pin8 口连接 LED 灯，uart 口连接 IOT 模块；

（5）修改好 bxy 程序中的 tx 和 rx 接口，get 请求部分代码，烧录 bxy 程序；

（6）查看 LED 灯亮灭。

分支活动六：完善信息系统

1. 系统功能模块测试

表 9-6

模块	具体检查点	实际结果	备注
室内光线采集	能够正确采集光线数据	通过/不通过	
数据传输	Web服务器可以接收到智能终端发送的数据	通过/不通过	
数据存储	数据库中能够查询到存储的光线数据	通过/不通过	
数据读取与显示	网页能够显示数据库中存储的光线数据	通过/不通过	
控制受控对象	启动警报命令	通过/不通过	

2. 系统整体测试

表 9-7

系统测试	具体内容	是否成功	问题描述	解决方法
软件测试	正确性证明	□		
	静态测试	□		
	动态测试	□		
硬件测试	配置检测	□		

续前表

	外观检查	□		
	硬件运行测试	□		
	系统测试	□		
网络测试	配置检测	□		
	外观检查	□		
	运行测试	□		
	网络连通测试	□		

附录：文档编写样稿

文档编写包含可行性研究报告、系统分析说明书、系统设计说明书、程序设计报告、系统测试报告等，以下为书写样例可供参考。

1. 可行性研究报告

项　目	具体分析
系统运行角度	
技术角度	
经济角度	
社会意义	

2. 需求分析报告/系统分析说明书

<table>
<tr><td colspan="2">信息系统名称：____________________</td></tr>
<tr><td>系统目标
（要解决的问题）</td><td>通过 ________的搭建，实现 ____________功能，从而解决______________问题。</td></tr>
<tr><td>功能需求
（要实现的功能）</td><td>1. __________________________
2. __________________________
3. __________________________
4. ……</td></tr>
<tr><td rowspan="2">资源和环境需求
（需要的硬件设备和软件平台）</td><td>硬件：________________________</td></tr>
<tr><td>软件：__________________________</td></tr>
</table>

3. 系统设计说明书

（1）开发模式选择： ☐ C/S　　☐ B/S

（2）整体架构设计示意图：

（3）功能模块设计

①功能模块划分

模块名称	实现的功能描述

②具体模块设计

模块：____________ 具体实施步骤
（1）____________________ （2）____________________ （3）____________________

（4）数据管理设计

根据系统涉及的数据，设计数据库基本表。

________________数据表

字段名	类型	默认值	非空	主键	说明

（5）系统人机页面设计

利用框线简要绘制页面实现布局，如有多个可绘制多个页面。

4. 程序设计报告

（1）系统整体程序划分

	程序分类	文件名
智能终端	Microbit 程序	
Web 服务器	网页模板程序	
	Web 框架程序	
	数据库初始化程序	

（2）具体模块程序设计

<table>
<tr><td>模块：________________</td><td>具体实现步骤</td></tr>
<tr><td colspan="2">（1）______________________________
（2）______________________________
（3）______________________________
程序实现流程图：</td></tr>
</table>

5.系统测试报告

（1）系统功能模块测试

模块	具体检查点	实际结果	备注
		通过/不通过	
		通过/不通过	
		通过/不通过	

（2）系统整体测试

系统测试	具体内容	是否成功	问题描述	解决方法
软件测试	正确性证明	□		
	静态测试	□		

续前表

	动态测试	□		
硬件测试	配置检测	□		
	外观检查	□		
	硬件运行测试	□		
	系统测试	□		
网络测试	配置检测	□		
	外观检查	□		
	运行测试	□		
	网络连通测试	□		